katzenglück

LENA LANDWERTH

katzenglück

BESTENS VERSORGT
EIN LEBEN LANG

KOSMOS

katzenglück

DAS IST *wirklich* WICHTIG

HIGHLIGHTS **Hier finden Sie die wichtigsten Infos zu vielen Kapiteln kurz und übersichtlich zusammengefasst.**

Kratzbaum, Aussichtsplatz, Catwalk oder Kuschelecke? Hier finden Sie Anregungen, wie Sie Ihre Wohnung abwechslungsreich gestalten können.

Nicht nur Kätzchen spielen gern. Bezaubern Sie Ihre Katze mit wundervollen Spielideen und wecken Sie den Tiger in ihr!

Viele Stubentiger und Gartenlöwen sind einem Katzenkumpel gegenüber nicht abgeneigt. Hier erfahren Sie, welche Tiere harmonieren und wie man sie am besten zusammenführt.

INDIVIDUALISTEN
auf leisen Pfoten

Katzen sind stolz. Sie sind eigenwillig, haben ihren eigenen Kopf. Erziehen lassen sie sich nicht, ihr Zuhause suchen sie sich am liebsten selbst aus. Auch bei der Auswahl ihrer Freunde, egal, ob Mensch oder Tier, sind sie wählerisch – denn Katzen sind wahre Individualisten. Oder?

Wer über Katzen spricht, liest oder hört, wird vor allem mit einem konfrontiert: Einer Menge Klischees. Das geht vom Wesen der Katze über die richtige Haltung, Ernährung bis hin zum Charakter des idealen „Katzenmenschen". Wer genauer nachfragt, findet in unzähligen Katzenbüchern genaue Informationen zu allen Themen, die die oben genannten Theorien entschärfen, Informationen hinzufügen und weitere Fragen stellen. Das ist gut so – aber dennoch verunsichert es ungemein ... Ich gehöre zu den Katzenfreunden, die es genauer wissen möchten. Und nicht selten wurden meine eigenen Katzen beim Heranbringen einer Spielmaus enttäuscht, da sie zwar die Lust zum gemeinsamen Spiel in mir geweckt haben, gleichzeitig aber auch eine Artikelidee, für die ich schnell recherchieren musste. Doch bei all unserem Perfektionismus sollten wir nicht vergessen, die Zeit mit unseren Katzen aus vollstem Herzen zu genießen, ohne Zweifel, Fragen und Hintergedanken. Ganz im Hier und Jetzt zu leben, zu entspannen und doch voll da zu sein: Das ist schließlich die Stärke unserer Stubentiger und Salonlöwen!

Es ist so einfach, Katzen zu lieben. Vielleicht sind Sie schon langjähriger Katzenfreund, vielleicht haben Sie dieses Buch nur aufgrund der schönen Bilder in die Hand genommen. Vielleicht möchten Sie sich genauer informieren und haben konkrete Fragen, vielleicht möchten Sie aber auch nur ein wenig schmökern, während ein weiches Fellknäuel schnurrend auf Ihren Knien schlummert. Vielleicht versuchen Sie auch abzuschalten, während Ihre Kinder im Hintergrund mit dem Familienkater Fangen spielen. Vielleicht gehören Sie zu den Katzenfreunden, die sich genauer informieren und schon ihre ganz private Bibliothek gesammelt haben. Vielleicht ist dies Ihr erstes Buch zum Thema Katze. Egal, wer Sie sind: Mit diesem Buch möchten wir Ihnen eine kleine Ruheoase bieten, um Freude an Katzen zu entdecken und zu erleben und dabei mehr über die Leisetreter zu erfahren. Viel Spaß beim Lesen!

Lena Landwerth

LEBEN MIT KATZE

Eine ganz besondere Beziehung

„Katzen sind die rücksichtsvollsten und aufmerksamsten Gesellschafter, die man sich wünschen kann." (Pablo Picasso)

KATZEN SIND KATZEN

Das unabhängige Kuscheltier

In dem Moment, in dem meine Tochter eines ihrer seltenen Nickerchen hielt und ich mich endlich einmal in Ruhe den ersten Zeilen dieses Buches widmen konnte, hatte unsere Katze Fleckli ganz andere Pläne. Laut miauend strich sie um meine Beine, zog mit ihren Zähnen an meinen Socken, sprang auf meinen Schoß, setzte die Vorderpfoten auf den Tisch und verteilte die Reste ihres Sommerfells auf der Tastatur.

An Schreiben war erst einmal nicht zu denken, denn die sonst eher unnahbare Fleckli hatte sich in den Kopf gesetzt, dass die nächsten zehn Minuten ihr gehörten. Und zwar ganz ...
Katzen brauchen Freiheit – und sie brauchen Nähe. Diesen Widerspruch zu verstehen und umsetzen zu können und dabei die Welt manchmal mit Katzenaugen zu sehen, ist eine der Herausforderungen des Lebens mit Katze. Stellt dies besondere Ansprüche an Sie als guten Katzenhalter? Nicht unbedingt – denn das alles hört sich viel komplizierter an, als es ist. Entgegen aller Klischees sind Katzen nämlich vor allem eins: geradeheraus und direkt. Möchten sie ausführliche Streicheleinheiten genießen, können sie ziemlich aufdringlich sein. Das gleiche gilt, wenn sie auf Menschen treffen, die ihnen sympathisch sind. Möchten sie ihre Ruhe, ziehen sie sich an die unmöglichsten Rückzugsorte zurück und kümmern sich nicht um Lockrufe und nur selten um ausgelegte Leckereien. Dabei sind sie so aufmerksam und sensibel, dass sie kleinste Stimmungsänderungen ihres Menschen spüren können.

UNABHÄNGIGKEIT VON ANFANG AN

Ihre Unabhängigkeit, verbunden mit einer einnehmenden Treue, macht Katzen zu wunderbaren Lebenspartnern. Wissenschaftler sind sich heute einig, dass sich die Katze als eines der wenigen Haustiere „selbst domestiziert" hat. Noch bevor wir Menschen die Eigenschaft der Katze, Mäuse aus Kornspeichern fernzuhalten, zu schätzen wussten, siedelten sich die ersten wilden Kleinkatzen in der Nähe menschlicher Behausungen im Nahen Osten an. Gezielt gezüchtet wurden sie erst später – im Jahr 1871 fand die erste offizielle Katzenausstellung in London statt. Zu diesem Zeitpunkt waren Katzen nicht mehr nur Mäusefänger, sondern wurden auch von Bürgertum und Adel als edle Haustiere und hübsche Prestigeobjekte geschätzt. Doch auch Rassekatzen, deren Stammbaum bis in die frühen Jahre der Katzenzucht zurückreicht, sind Nachkommen der Falbkatze. Trotz der vielleicht außergewöhnlichen Färbung ihres seidigen Fells und ihrer Vorliebe für Häppchen in Soße sind sie in ihrem Inneren Raubtier geblieben. Ist es dieser Gegensatz, der eine solche Faszination auf Katzenliebhaber ausübt? Bewundern wir ihre Fähigkeit, sich dem Menschen anzuschließen und doch ganz sie selbst zu bleiben? Die Gründe, Katzen zu lieben, sind vielfältig. Wer sich entscheidet, sein Leben mit einer Katze zu teilen, hat eine weitreichende Entscheidung getroffen, denn er wird nie wieder ohne ein Lächeln auf seinen Lippen an einer Fellnase vorbeigehen können – egal, ob sie ihm schnurrend um die Beine streicht, ihn ganz und gar ignoriert, in der Sonne döst oder aufmerksam das Vogelnest im Baum beobachtet.

[a]

DAS IST *wirklich* WICHTIG

[a] ZWEI, DIE SICH VERSTEHEN Die Gründe, warum wir Katzen so sehr lieben, sind vielfältig. Sicher ist aber eines: Katzen sind die perfekten Lebenspartner für tierliebe Menschen, die die Leisetreter so zu nehmen wissen, wie sie sind.

[b] NÄHE UND DISTANZ Vom ausgelassenen Spiel zu ausgedehnten Schmusestunden. Das Zusammenleben mit einer Katze wird nie langweilig!

[c] EIGENWILLIG Meistens entscheidet die Katze, was sie will: Wenn sie ein Nickerchen macht, möchte sie meist nicht gestört werden.

[b]

[c]

[a]

DAS IST *wirklich* WICHTIG

[a] VORSICHT, WILD! Trotz jahrtausendelangem Zusammenleben mit dem Menschen sind unsere Katzen noch ganz und gar „Katzen“ geblieben. Körperlich unterscheidet sie nur wenig von ihrem nächsten Verwandten, der Falbkatze. Psychisch ist sie nach wie vor ein kleines Raubtier.

[b] FUTTER VERBINDET In der Nähe menschlicher Behausungen gibt es vor allem eines im Überfluss: Nahrung. Ein Luxus, den wilde Kleinkatzen nicht immer haben!

[c] STUBENTIGER Spielen, jagen oder einfach mal abhängen? Das Leben in der Wohnung muss nicht langweilig sein! Mit Liebe und ein paar Ideen können Sie Ihrer Wohnungskatze täglich neue Abenteuer bieten.

[b]

[c]

KATZEN IN KÜRZE

Jäger, Raubtier, Sofatiger

Die uns oft faszinierend, liebenswert und manchmal unerklärlich erscheinenden Eigenschaften unserer Hauskatzen sind Überbleibsel ihrer wilden Vorfahren. Im Gegensatz zum Hund wurde die Katze erst relativ spät gezüchtet, hierbei wurde vor allem auf das Erscheinungsbild unserer Leisetreter Wert gelegt.

Im Inneren ist unsere Katze immer noch das kleine Raubtier, das die Wüsten des Nahen Ostens durchstreifte – das beinhaltet ihre Physiologie und ihr Verhalten. Wer eine Katze verstehen will, muss darum die Welt ein Stück weit mit Katzenaugen betrachten. Keine Angst, das ist gar nicht so schwer, wie es klingt! Schauen wir uns einfach einmal an, was eine Katze ausmacht.

DIE LAUTLOSE JÄGERIN

Körperlich ist unsere Katze auch heute noch auf das Jagen kleiner Beutetiere in der Wüste spezialisiert. Sie ist ein sogenannter „Zehengänger" und kann sich an ihre Beute anschleichen, ohne einen Mucks zu machen. Dass Katzen von Natur aus geduldig sind, kommt ihr zugute, wenn sie stundenlang vor einem Mauseloch wartet und mit ihren um 180 Grad drehbaren Ohren auf jedes Geräusch im Hochfrequenzbereich lauscht. Ihre großen Augen ermöglichen es ihr, mit nur geringem Restlicht perfekt zu sehen. Katzen sind dämmerungsaktiv, genau wie ihre Beute, die sie allein jagen und erlegen. Da die Jagd der nur maulgroßen Beute oft Stunden mit Aufspüren, Lauern und Heranschleichen erfordert, sind Katzen solitäre Jäger, sprich sie jagen allein. Um nicht zu verhungern, müssen sie sensibel auf jegliche Änderungen der Umwelt reagieren und verhalten sich extrem territorial.

DER HAUSTIGER

Unsere Hauskatze hat trotz jahrelangem Zusammenleben mit dem Menschen viele Eigenschaften ihrer wildlebenden Vorfahren behalten. Körperlich unterscheidet sie sich nur wenig von der Falbkatze, die in Halbwüsten und Savannen lebt. Ihre Nahrung nimmt sie am liebsten in mehreren, über den Tag verteilten Happen zu sich, und da sie nur selten ein Durstgefühl verspürt, sollte diese vorwiegend in Form von Nassfutter gereicht werden. Sie reagiert sensibel auf Veränderungen in ihrer Umwelt – schon ein Wochenendurlaub ihrer Menschen kann anhängliche Katzen in tiefe Verzweiflung stürzen. Dabei werden Katzen aber oft als relativ anspruchslos beschrieben. Sie benötigen keine täglichen Spaziergänge, sind von Natur aus sauber und benutzen ihre Katzentoilette in der Regel ohne Probleme – solange sie regelmäßig gereinigt wird. Fühlt sich der kleine Jäger körperlich und geistig ausgelastet, wird eine Katze auch in der Wohnung glücklich. Und das Beste dabei: Es ist gar nicht so schwer, das Leben einer Wohnungskatze aufzupeppen und ihr täglich neue Herausforderungen zu bieten.

KATZEN VERSTEHEN **Katzen verstehen ist nicht schwer!**

- **Katzen sind Jäger, die allein auf die Pirsch gehen. Sie können sehr geduldig abwarten, bis die Beute erscheint. Sie reagieren blitzschnell auf leise Geräusche und huschende Bewegungen.**
- **Da Katzen eher kleine Tiere sind, haben sie selbst natürliche Feinde. Schnelle Bewegungen, große Gegenstände und Krach machen ihnen Angst.**
- **Das Überleben wilder und wild lebender Katzen hängt davon ab, dass sie Veränderungen in ihrer Umwelt sensibel wahrnehmen und schnell reagieren. Daher sind sie anpassungsfähig.**
- **Solange genug Ressourcen (Futter) vorhanden sind, ist das Zusammenleben mit anderen Katzen kein Problem. Es gibt Freundschaften, überlappende Reviere, aber auch Streitereien.**

DIE KATZE –
Kuscheltier, Partner, Familienmitglied

Nach all den Jahren in menschlicher Obhut hat die Katze nichts von ihrer Faszination eingebüßt. Ausgehend vom Prestigeobjekt für den Adel und der Mäusejägerin auf dem Bauernhof hat sich die Katze langsam aber sicher ihren Platz in unserem Heim erschmust. Heutzutage sind Katzen eines der beliebtesten Haustiere – über 8 Millionen Katzen schnurren in deutschen Haushalten.

WARUM WIR KATZEN LIEBEN

Befragt man Katzenliebhaber, warum sie sich für eine Katze und nicht für ein anderes Kleintier oder einen Hund entschieden haben, hört man meist ähnliche Gründe. Sauberkeit, Unabhängigkeit und Gesellschaft sind nur einige von ihnen. Während Hundeliebhaber oft auf eine bestimmte Rasse oder ein bestimmtes Erscheinungsbild ihres Vierbeiners Wert legen, mögen die meisten Katzenfreunde ihre Katzen oft unabhängig von Rasse, Größe oder Aussehen. Katzen lassen sich nicht wie Hunde erziehen, sie können nicht das Haus beschützen und gelten nur selten als Statussymbol. Katzen sind grazil, leise, unkompliziert, einfühlsam, unabhängig und doch gesellschaftsliebend. Katzen zeigen uns Tag für Tag, dass sie uns lieben – aus eigenen Stücken und ungezwungen, denn die Liebe einer Katze muss man sich verdienen. Die Katze hat ihre Funktion als Nutztier längst hinter sich gelassen, gerade für Stadtmenschen ist sie bester Freund, Familienmitglied und der Fels in der Brandung in einer hektischen Welt.

MIT KATZEN REDEN

Halten Sie sich nicht zurück, wenn Sie sich mit Ihrer Katze über die schönen Erlebnisse Ihres Tages austauschen möchten. Einer Studie der „Konrad Lorenz Research Station and Department of Behavioural Biology" in Wien zufolge ist die Interaktion zwischen Katze und Mensch durchaus mit der Komplexität einer Interaktion zweier Menschen zu vergleichen. Obwohl das Reden mit Tieren oder gar mit Pflanzen oft als schrullig gilt, gaben in einer Studie des „Bündnis Mensch & Tier" 87 Prozent der Frauen und 75 Prozent der Männer an, mit ihren Tieren zu sprechen. Doch nicht nur Menschen sind manchmal echte Plaudertaschen. Auch viele Katzen sind sehr mitteilsam, unterhalten sich gern mit ihrem Menschen in leisen Miautönen oder kommunizieren, wie meine Katze Sakura, durch Grunzlaute. Achten Sie einmal genau darauf – Sie werden sich wundern, wie kommunikativ Ihre Katze ist! Im Übrigen verwenden Katzen das typische Miau hauptsächlich in der Zwiesprache mit dem Menschen. Katzen untereinander kommunizieren nämlich überwiegend über Körperprache und Duftbotschaften.

DR. KATZE

Auch viele Altenheime erlauben mittlerweile die Kleintierhaltung oder fördern sie sogar. Tiere vermitteln älteren Menschen Spaß am Leben, geben ihnen das Gefühl, gebraucht zu werden, bieten Anlass zu Gesprächen und beleben ihren oft eher eintönigen Alltag. Den menschlichen Kontakt ersetzen sie natürlich nicht – aber durch ihre Ruhe lassen sie mit jedem Schnurren schlechte Laune und Stress dahinschmelzen. Das ist mittlerweile auch wissenschaftlich bewiesen. Katzen sind darum heutzutage nicht mehr nur Haustier, sondern Familienmitglied und mittlerweile auch Therapiepartner. Gibt es bessere Gründe, sich für eine Katze zu entscheiden?

[a]

DAS IST *wirklich* WICHTIG

[a] SPRICH MIT IHR! Wussten Sie, dass die Interaktion zwischen Katze und Mensch genauso komplex ist wie die zwischen zwei Menschen? Schämen Sie sich also nicht, wenn Sie mit Ihrem Stubentiger reden und die gemeinsamen Streicheleinheiten genauso genießen wie die schnurrende Fellnase!

[b] ICH MAG DICH! Zuneigung ist selten nur einseitig. Geht Ihnen auch das Herz auf, wenn Ihre Katze klar zum Ausdruck bringt, dass sie Ihre Anwesenheit genießt?

[b]

MITBEWOHNER *mit Nebenwirkungen*

Seit die ersten Katzen ihren Weg in die Kornspeicher fanden, hat sich unser Leben drastisch verändert. Wen wundert es, dass auch das Zusammenleben mit unseren Haustieren inzwischen ein anderes Level erreicht hat?

KATZE AUF REZEPT

Katzen können zu wahren Therapeuten werden – ohne lange Wartezeiten im Wartezimmer. Was Katzenhalter schon seit Jahrzehnten spüren, wird nun auch medizinisch eingesetzt. In der sogenannten tiergestützten Therapie helfen darum schon seit Jahren nicht mehr nur Pferde und Delphine, sondern auch schnurrende Viereiner bei der Behandlung von psychosomatischen Störungen wie Depressionen, Angsterkrankungen, Migräne, Zwängen und Persönlichkeitsstörungen. Die Therapie wird mit einem schnurrenden Fellbündel auf dem Schoß als angenehmer empfunden, die Patienten gehen die Behandlung optimistischer, motivierter und stressfreier an.
Bei Kindern mit ADHS oder Erwachsenen in akuten Stresssituationen wirkt das Schnurren einer Katze wie autogenes Training. Dies hat mittlerweile auch eine Studie der Uni Hohenheim bestätigt. Auch Traumapatienten und Gewaltopfern geben das Vertrauen und die Berührung der Samtpfoten neuen Mut.
Katzenschnurr-Therapie ist sogar eine medizinisch anerkannte Therapieform für Osteoporose-Patienten! Die Vibrationstherapie wird sogar vom Kuratorium für Knochengesundheit e. V. empfohlen.
Katzenhalter können die positive Wirkung ihres Stubentigers Tag für Tag spüren und nutzen. Das geht über das reine Wohlbefinden hinaus: Babys, die mit Katzen aufwachsen, sind erwiesenermaßen seltener krank. Laut einer finnischen Studie zeigen die in Gesellschaft eines Hundes oder einer Katze aufwachsenden Kinder ein um 30 Prozent verringertes Risiko, an Atemwegsinfektionen zu erkranken; um die Hälfte seltener traten Mittelohrentzündungen und andere Ohrinfektionen auf.

EIN NEUER MARKT

Katzenhalter können Katzenschnurren ganz ohne Rezept genießen – dafür gibt es Futter, Zubehör und Co. aber nicht auf Kosten der Krankenversicherung. Und mit ein paar Mäuschen und Essensresten ist es (glücklicherweise) nicht mehr getan ... Stattdessen gaben Katzenhalter 2012 über 1,5 Millionen Euro für Katzenfutter und 185 Millionen Euro für Katzenzubehör aus. Mittlerweile gibt es genau wie für Menschen Katzenkrankenversicherungen, -therapeuten und sogar -friedhöfe. Ein riesiger Markt wurde geboren, oft zum Guten, manchmal auch zum Schlechten. Denn auch, wenn viele Katzenfreunde genau wissen, dass die Katze noch Katze sein muss und kein Mensch ist, nehmen Karnevalskostüme für die Miez Einzug in Fachhandlungen für Tierzubehör. Schließlich wissen die Hersteller, dass nicht das Tier Kunde ist, sondern Herrchen und Frauchen – und die entscheiden gern nach ihren eigenen Bedürfnissen und nicht immer nach denen der Katze. Katzenstreu mit Lavendelduft und appetitliches Katzenfutter à la „Entendinner mit Süßkartoffeln in Gelee“ werden so zum Verkaufsschlager und laufen artgerechten, aber eventuell nicht so ansehnlichen Futtermitteln den Rang ab. Zur Weihnachtszeit gehören Geschenke für den Vierbeiner einfach dazu, darum ist auch in Tierzubehörläden im Dezember Hochsaison.

KATZENLIEBE

Doch ist es wirklich schlimm, in unseren Katzen mehr zu sehen als ein Haustier? Absolut nicht. Katzen geben uns so viel – es ist also verständlich, dass wir etwas zurückgeben möchten. Auch, wenn uns das Geschenk unterm Weihnachtsbaum oft mehr erfreut als unseren Vierbeiner, der sich dafür umso mehr für das Geschenkpapier begeistern kann, macht uns die Sorge um unsere Katze zu guten Katzenhaltern. Eine enge Beziehung zur Fellnase gibt uns ein gutes Gefühl, lässt uns unseren Katzen ein entspanntes Zuhause geben und im Ernstfall gleich aufhorchen, wenn etwas nicht stimmt.
Als Katzenfreund möchten wir mehr über unser kleines Raubtier erfahren und wissen, dass die Bedürfnisse der Katze an erster Stelle stehen. Seien Sie also nicht zu streng mit sich selbst, wenn sie in der Zoofachhandlung gleich drei Katzenspielzeuge in den Einkaufskorb legen, weil Sie sich nicht entscheiden können, und den Schlafplatz gemütlicher finden als Ihre Katze, die es sich lieber im Wäschekorb bequem macht. Wichtig ist nur, dass Sie Ihren Stubentiger artgerecht verwöhnen.

KATZEN-KLISCHEES

Von Kratzbürsten und Einzelgängern

Sie werden von Katzenfreunden und von Katzen-Verweigerern gepflegt: Klischees über unsere vierpfotigen Stubentiger. Katzen sind oft so typisch Katze, dass wir zustimmen mögen, was immer auch in unseren Köpfen herumschwirrt – aber dann wiederum sind unsere Samtpfoten Individualisten und die liebgewonnenen Klischees wollen so gar nicht passen.

UNABHÄNGIGER EINZELGÄNGER

Sicher haben Sie schon häufiger zu hören bekommen, dass Ihre Katze ein unabhängiger Einzelgänger ist. Nun, das mag stimmen – und auch wieder nicht. Tatsächlich sind Katzen in der freien Natur solitäre Jäger. Die Falbkatze, der nächste Vorfahre unserer Katze, sowie die Europäische Wildkatze, ein Vetter, verbringen den Großteil ihres Lebens allein. Ähnlich läuft es bei Großkatzen – der Löwe ist der einzige wilde Verwandte, der im engen Familienverband lebt. Allerdings ziehen auch die Weibchen der Europäischen Wildkatze ihre Jungen im Verbund auf. Das enge Zusammenleben mit dem Menschen hat bei unseren Hauskatzen, egal, ob wild, halbwild oder im Haus lebend, eine soziale Evolution ausgelöst. Eng miteinander lebende Katzengruppen auf Bauernhöfen und an Futterstellen sind zu einem häufigen Bild geworden, solange die Ressourcen stimmen und genug Futter für alle da ist. Katzen mögen allein jagen und vom Charakter her unabhängig sein. Einzelgänger sind sie allerdings schon lange nicht mehr!

ÜBERSENSIBEL

Das Überleben wilder Katzen hängt vor allem davon ab, wie schnell sie auf Abweichungen ihrer Lebensverhältnisse reagieren. Katzen sind darum überaus sensibel, was jegliche Veränderungen angeht! Eine neue Katze im Revier? Schon schrillen die Alarmglocken! Der im Garten streunende Nachbarskater mag Ihnen vielleicht harmlos erscheinen – Ihre Wohnungskatze sieht ihn als potenzielle Bedrohung ihres gehüteten Zuhauses samt Futtervorräten an. Wundern Sie sich also nicht, wenn Ihre Katze über einen siebten Sinn zu verfügen scheint und nur kleinste Ereignisse zu großen Krisen führen können. Unsere Katzen folgen nur dem, was die Evolution sie über Jahrmillionen gelehrt hat – auch dann, wenn sie in menschlicher Obhut nicht mehr täglich ums Überleben kämpfen müssen.

HEILENDE KRÄFTE **Tatsächlich hat Katzenschnurren eine beruhigende Wirkung auf den Menschen: Wissenschaftler haben herausgefunden, dass Katzenschnurren der Stressminderung und Selbstheilung dient, Durchblutungsstörungen lösen kann, bei Rücken- und Gelenkschmerzen hilft und Muskulatur und Kreislauf anregt – auch bei uns Menschen. Darum werden Katzen schon seit Jahren als Therapiehelfer eingesetzt und unterstützen in Altersheimen, bei der tiergestützten Therapie und in der Pädagogik. Katzen haben also durchaus Superkräfte!**

DAS IST *wirklich* WICHTIG

[a] WAS WAR DA? Dreht Ihre Katze Ihnen den Rücken zu, heißt dies nicht, dass Sie von nun an abgeschrieben sind. Vielleicht haben die feinen Sinne des Kleinjägers gerade etwas Besonderes wahrgenommen!

[b] ÜBERSINNLICH? Eher nicht. Oft sind es ihre erstaunlichen Sinnesorgane, mit denen die uns Katze verblüfft. Ein Lufthauch in völliger Dunkelheit, der ihre Sinushaare streift, verrät ihr den Weg. Das gute Gehör teilt ihr Dinge mit, die wir schon lange nicht mehr wahrnehmen.

[a]

[b]

MYTHEN & VORURTEILE

Hexenkatzen mit Superkräften

Katzen waren auch die Leidtragenden von Aberglaube und Hetzerei. Gegen Ende des Mittelalters wurden sie als teuflische Höllenwesen verbannt, die Krankheit, Tod und Unheil mit sich brachten. Sie galten als Verbündete Satans und der Hexen.

UNEHRLICH

Katzen seien verlogen, unehrlich und alles in allem „hinten herum". Stimmt das? Absolut nicht! „Die Katze ist in ihren Gefühlen absolut ehrlich: Menschen können ihre Empfindungen aus dem einen oder anderen Grund verbergen, eine Katze nie", erkannte schon Ernest Hemingway. Tatsächlich gibt es meiner Meinung nach kaum ein ehrlicheres Tier als die Katze. Unsere Fellnasen geben ihre Emotionen ungefiltert weiter: Möchten sie gekrault werden, ist Schmusen angesagt – wenn nicht, dann kann ihnen der geliebte Mensch im wahrsten Sinne des Wortes „den Buckel herunterrutschen". Wer mit der Körpersprache der Katze vertraut ist, kann ihre Launen und Wünsche schon frühzeitig erkennen. Wenn er den Wunsch der Katze nach Ruhe nicht erkennt und akzeptiert, der fängt sich bei einigen Naturen eventuell auch einen Pfotenhieb ein. Hierher stammt wohl auch das Klischee, Katzen seien verlogen.

ABERGLAUBE AUS DEM MITTELALTER

Bis zur Mitte des 19. Jahrhunderts gibt die Literatur den Anschein, dass der Schaden, den eine Katze verursachen kann, größer ist als ihr Nutzen. Im Jahre 1786 veröffentlichte Johann Georg Krünitz seine „Oekonomisch-Technologische Encyklopädie". Auf Seite 90 stellt er die Katze, ihre Geschichte und ihr Aussehen dar und geht auch auf ihren Ruf als „Pest- und Feuerbringer" ein. Laut Krünitz „darf [man] sie nur im Finstern nach der entgegen gesetzten Richtung streicheln, so fahren schon Funken heraus". Viel Aberglaube entstand daraus, dass man einzelne Phänomene, die oft aus den hervorragenden Sinnen der Katze stammen, nicht erklären konnte, daher schrieb man ihr übersinnliche Fähigkeiten und Zauberkräfte zu.

ÜBERSINNLICH

Leuchtende Katzenaugen können Faszination und Unbehagen auslösen. Geschichten von Katzen, die in Kriegsgebieten vor Bombeneinschlag warnen oder ein Erdbeben frühzeitig erkennen, kennt jeder. Und wenn der geliebte Stubentiger schon dreißig Minuten, bevor das Kind von der Schule kommt, vor der Tür sitzt, mag sich der eine oder andere Katzenfreund fragen, ob Katzen tatsächlich übersinnliche Kräfte haben.
Natürlich haben sie das nicht – nach aktuellem Wissensstand. Katzen besitzen jedoch viel feinere Sinne als Menschen. Bei Tageslicht sehen sie nicht viel besser als wir, doch in der Dämmerung kommt die volle Kraft der Katzenaugen zum Einsatz. Mit ihren Schnurrbarthaaren, den Vibrissen, können sie feinste Erschütterungen erspüren. Und ihre Ohren sind perfekt auf das Hören und Aufspüren höherer Frequenzen, wie zum Beispiel das Fiepen einer Maus, ausgerichtet. Sie sind die perfekten Beobachter. Im Gegensatz zu unseren Katzen sind wir nahezu taub, in der Dämmerung blind und absolut unsensibel.
Die in der Dunkelheit leuchtenden Katzenaugen werden übrigens vom Tapetum lucidum hervorgerufen, einer Zellschicht hinter der Netzhaut, die Restlicht reflektiert.

KATZEN
in Kunst und Literatur

„Auch die kleinste Katze ist ein Meisterwerk" (Leonardo Da Vinci)

Die angeblich unerklärlichen Kräfte der Katze, ihre Eleganz und die faszinierenden Eigenschaften haben sie zur Muse für Künstler und Schriftsteller in allen Epochen gemacht. Künstler verewigten die Eleganz und friedliche Ausstrahlung der Katze, unter ihnen die bekannten Maler Claude Monet, Franz Marc, Andy Warhol oder Pablo Picasso. Louis Wain, der „König der Katzenkünstler" stellte die Katze gern schrill, abgefahren und abstrakt dar – ein Spiegelbild der Epoche König Edwards VII. Wain malte mit Vorliebe Tee trinkende, Golf spielende, Tennis spielende oder Blumenhüte tragende Katzen.
Auch viele Schriftsteller ließen sich von den Musen auf vier Pfoten begeistern. Manchmal erscheinen unsere samtpfotigen Begleiter als Neben-, manchmal als Hauptdarsteller. Der Kater Murr ist sicherlich zu einer der bekanntesten Gestalten der Literaturgeschichte geworden. Auch neuere Werke wie die Krimireihe „Felidae", in der der samtpfotige Klugscheißer Francis Sekten- und Serienmorde aufklärt, und das Psychodrama „Die Katze" von Georges Simenon setzen die Katze in den Fokus.

KREATIVE TIERLIEBE

Mittlerweile gibt es sogar Katzen, die mit einer eigenen Facebook-Fanseite, Homepage oder gar einem eigenen Buch aufwarten können. Viele Katzenfreunde schreiben die Geschichte ihres Vierbeiners voller Liebe zum Detail auf – manchmal nur für Freunde und Bekannte, manchmal im Eigenverlag. Nun haben auch große Verlagshäuser den Trend erkannt. Über Ihre eigene Katze zu schreiben, ist keinesfalls schräg oder seltsam. Und wie wir wissen, haben unsere Musen auf vier Pfoten schon das ein oder andere Werk zur Vollendung geschmust! Sollten Sie Lust dazu verspüren, sich von Ihrem Vierbeiner zu einer Kurzgeschichte, einer Erzählung oder gar einem Fachbuch inspirieren zu lassen, müssen Sie sich nicht verstecken. Greifen Sie zu Papier und Stift oder der Computertastatur und legen Sie los. Wer weiß, vielleicht wird aus der Kurzgeschichte ja sogar ein ganzes Buch, das nicht nur Ihre Freunde und Bekannten begeistert, sondern Katzenfreunde auf der ganzen Welt?
Schreiben Sie dennoch zuerst für sich und Ihre Katze und weniger für den großen Ruhm. Schreiben mag ein harter Job sein, der aber auch unheimlich viel Spaß macht. Genießen Sie die Zeit vor dem Computer oder mit dem Stift in der Hand und Ihrer Katze auf den Knien oder neben der Tastatur. Träumen Sie. Schreiben Sie. Genießen Sie. Vielleicht müssen Sie viele hart erarbeitete Textbereiche streichen, vielleicht fangen Sie alle paar Tage von vorne an – aber das macht nichts. Sehen Sie „Ihr" Katzenbuch als Ihr eigenes kleines Projekt an, genießen Sie jedes Wort, das Ihr Gesamtwerk zu einem persönlichen Kunstwerk macht.

DIE VERMENSCHLICHUNG DER KATZE **Der sogenannte Anthropomorphismus, eine Vermenschlichung des Tieres, ist schon lange aus Kunst und Literatur bekannt. Prominente Beispiele sind der Gestiefelte Kater oder Micky Maus. Allerdings macht diese Erscheinung nicht bei fiktionalen Kinder- und Märchenbüchern halt.**

[a]

[b]

DAS IST *wirklich* WICHTIG

[a] FRANZ MARC Er gilt als einer der bedeutendsten Maler des Expressionismus und Mitbegründer der Redakionsgemeinschaft „Der Blaue Reiter". Seine Tiermotive „Blaues Pferd", „Die gelbe Kuh" sind weltbekannt, so auch das Gemälde „Weiblicher Akt mit Katze".

[b] KATZEN AUF ROTEM TUCH Beide Bilder stammen aus dem Jahr 1910 und sind im Vorfeld des Expressionismus entstanden.

[b]

DAS IST *wirklich* WICHTIG

[a] OH, WIE SÜSS! Dieses Katzenkind ist erst wenige Tage alt. Kaum jemand kann Katzenkindern widerstehen. Dieses Kitten muss allerdings noch etwas warten, bis es alt genug ist, um das Mutternest zu verlassen.

[b] GANZ SCHÖN GROSS! Mit zwölf bis sechzehn Wochen sind Katzenkinder bereit, ihr eigenes Leben zu führen. Vielleicht sind Sie ja sogar der neue Mitbewohner eines aufgeweckten Katzenjungen?

[a]

CRAZY CAT LADY

Der perfekte Katzenmensch

Ein verschlafener Blick aus Katzenaugen versetzt Sie in Verzückung und Sie können an keinem Felltiger vorbeigehen, ohne in die Knie zu gehen und ein leises „Komm her!" von sich zu geben? Sie sind eindeutig dem Katzenvirus verfallen.

Vielleicht haben Sie sich trotz aller Hingabe auch schon gefragt, ob Sie der perfekte Katzenmensch sind. Können Sie einer Katze das Zuhause geben, das sie benötigt? Können Sie ihr die Nähe und vor allem die Freiheit geben, die sie so genießt?

KATZENTAUGLICH?

Lassen Sie mich eines klarstellen: Es gibt keinen perfekten Katzenmenschen. Während der letzten Seiten habe ich vielleicht den Eindruck erweckt, dass das Halten einer Katze viele Ansprüche stellt – sollte das so sein, möchte ich mich hiermit entschuldigen. Tatsächlich macht Sie eine einzige Eigenschaft zu einem guten Katzenfreund und -halter: Versuchen Sie sich in die Katze hineinzuversetzen. Wenn Sie erkennen, dass auch die eleganteste Rassekatze im Herzen ein kleiner Tiger ist, ausgestattet mit allem, was sie zum Überleben in der Wüste braucht, sensibel auf Änderungen reagiert und gern beschäftigt wird, und Sie bereit sind, auf diese Wünsche einzugehen, sind SIE der perfekte Katzenmensch!
Natürlich, und das möchte ich Ihnen nicht verschweigen, gibt es noch das Kleingedruckte: Freigang ja oder nein? Eine Katze oder zwei? Wie groß muss die Wohnung sein – und kommt der neue vierbeinige Mitbewohner in unserem turbulenten Haushalt mit drei lebhaften Kindern klar? Diese Parameter hängen von Ihnen und von der jeweiligen Katze ab.

PURE INDIVIDUALISTEN

Katze ist nicht gleich Katze. Es gibt junge, lebendige Katzen und ältere, ruhige Tiere – und auch gelassene Jungspunde und rüstige Rentner. Es gibt Katzen, die beim kleinsten Geräusch im Schrank verschwinden und solche, die voller Freude Richtung Haustür rennen, sobald sich der Schlüssel im Schloss dreht. In jedem Fall wird es die Katze geben, die eine perfekte Ergänzung für Ihre Familie und Ihre Lebenssituation darstellt. Ob Sie der perfekte Katzenmensch für eine bestimmte Katze sind, verraten Ihnen Ihr Herz und der gesunde Menschenverstand – und das Kapitel „Wer passt zu wem?" ab Seite 30!
Von den Rahmenbedingungen abgesehen muss aber auch eins passen: Die Chemie. Hören Sie deshalb auf Ihr Herz, wenn es darum geht, einen passenden schnurrenden Mitbewohner zu finden.

FÜR EINE GUTE BEZIEHUNG VON ANFANG AN

- **Betrachten Sie die Welt aus Katzenaugen.**
- **Geben Sie Ihrer Katze alle Ressourcen, die sie benötigt.**
- **Minimieren Sie Stress.**
- **Erkennen Sie Probleme frühzeitig.**
- **Reagieren Sie frühzeitig darauf.**
- **Ignorieren Sie unerwünschtes Verhalten.**
- **Belohnen Sie gewünschtes Verhalten.**

KATZEN VERSTEHEN

Schnurren von A bis Z

Mit ihren lautlosen Schritten und großen, leuchtenden Augen mögen Katzen mysteriös wirken. Dennoch gehören sie zu den ehrlichsten Tieren überhaupt: Wer ihre feinen Signale zu deuten weiß, ist immer darüber unterrichtet, in welcher Laune sich der Stubentiger gerade befindet.

DER KATZENSCHWANZ

Er verrät so viel über die Launen unserer Stubentiger wie kaum ein anderes Körperteil: der Katzenschwanz. Ob die Katze ihren Schwanz stolz erhoben trägt, ihn eingeschüchtert zwischen die Beine klemmt oder gereizt hin und her peitschen lässt, ist nicht nur ein offensichtliches, sondern auch ein wichtiges Stimmungssignal. Vielleicht begrüßt Ihre Katze Sie ja gerade mit einer aufgeregt zitternden Schwanzspitze oder wartet mit einem erfreut erhobenen Schwanz, dass Sie ihr endlich zum Futternapf folgen? Nehmen Sie Ihre Katze hoch, um sie zu streicheln, wird zum geschmeidig in ihren Armen liegenden Körper auch ein locker hängender Schwanz davon zeugen, wie sehr sie sich gerade entspannt.

DIE AUGEN – DER SPIEGEL DER SEELE?

Das eher unbewegliche Gesicht des Jägers Katze verrät nur wenige Emotionen, doch wer seine Katze gut kennt, weiß auch kleinste Signale zu interpretieren und entdeckt, dass Katzen sogar lächeln können! Augen sind auch bei Katzen der „Spiegel zur Seele". Anstarren, egal, ob von Artgenossen oder Menschen, empfinden sie als Bedrohung. Ein kurzes Blinzeln hingegen drückt Entspannung aus. Versuchen Sie einmal, Ihrer Katze durch ein kurzes Schließen der Augen zuzulächeln. Vielleicht zwinkert sie ja sogar freundlich zurück? Starrt Ihre Katze einem potenziellen Beutetier hingegen mit weit aufgerissenen Augen und erweiterten Pupillen unbeweglich hinterher, befindet sie sich in Angriffsstimmung.

VERRÄTERISCHE OHREN

Katzen können ihre Orhen wie kleine Radarschirme in fast alle Richtungen drehen, sogar unabhängig voneinander. Sie ermöglichen es ihr nicht nur, potenzielle Beutetiere genau zu orten, sondern spielen auch eine große Rolle bei der Kommunikation. Wenn die Ohren aufgerichtet sind, aber nicht angespannt, ist die Katze zufrieden. Sind sie nach vorne gerichtet, ist die Katze aufmerksam. Ein angriffslustiges Tier wird nicht nur ihren Schwanz peitschen lassen, sondern auch die Ohren gereizt hin und her bewegen oder sie vielleicht als Ausdruck aggressiver Stimmung eng an den Kopf anlegen. Auch eine ängstliche Katze outet sich durch seitlich an den Kopf angelegte Ohren, ergänzt durch weit aufgerissene Pupillen.

FAUCHEN UND MIAUEN

Nicht selten kommt zu diesen auch für unerfahrene Katzenfreunde sehr eindeutigen Signalen ein Fauchen. Fauchen ist dennoch nicht gleich Fauchen, die Bedeutung variiert von einem eher passiven „Bleib weg, ich habe Angst!" bis zu „Pass auf, gleich greife ich an." Viel häufiger werden Sie bei Ihrer Katze ein freundliches Miauen vernehmen.

Wussten Sie eigentlich, dass Katzen untereinander vornehmend lautlos kommunizieren und die offensichtliche Lautsprache vor allem für die Kommunikation mit dem Menschen nutzen? Signale wie ein leises Miauen, unterlegt mit einem ermunternden Schnurren, sind oft vorwiegend uns vorbehalten. Manche Katzen sind auch wahre Plaudertaschen und erzählen ihrem Menschen voller Freude in sämtlichen Miaulauten und Lautstärken ganze Geschichten. Achten Sie einmal genau darauf, wie Ihre Katze mit Ihnen und eventuellen Mitkatzen kommuniziert!

DAS IST *wirklich* WICHTIG

[a] SCHAU MIR IN DIE AUGEN! Leuchtende Katzenaugen faszinieren – und können viele Emotionen ausdrücken!

[b] HALLI-HALLO! „Schön, dass du da bist! Kommst du mit?“ Wer wird nicht gern so von seiner Katze mit einem einladend erhobenen Katzenschwanz begrüßt?

[c] LAS MICH! Eingezogener Schwanz, Katzenbuckel, aufgestelltes Fell und zur Seite gelegte Ohren drücken Unsicherheit und Angriffsbereitschaft aus. Die Katze will größer wirken, als sie ist. Wirkt der Bluff nicht, wird sie entweder fliehen oder zum Angriff übergehen.

[d] PLAUDERTASCHEN Manche Katzen sind wahre Quasselstrippen und verwickeln ihren Menschen gern in lange Gespräche.

DAS IST *wirklich* WICHTIG

[a] KLEINER WILDFANG! Katzenkinder haben es faustdick hinter den Ohren! Stellen Sie sich auf stundenlange Jagden nach der Katzenangel, ausgedehnte Schmusestunden und die ein oder andere kaputte Vase ein. Eins ist jedoch garantiert: All das ist es Wert, so ein kleines Energiebündel aufwachsen zu sehen!

[b] WIE WÄRE ES MIT HÄPPCHEN? Katzen wissen genau, was sie wollen. Das Schlafen in der Wäschekiste gehört genauso dazu wie Füttern nach der Katzenuhr. Und sie können unmissverständlich zu verstehen geben, wann der Hunger riesengroß ist.

[b]

[a]

AUF DEN KOPF GESTELLT

Wie sich das Leben mit Katze verändert

Ist die Katze eingezogen, gibt es kein Zurück mehr: Ihr Leben wird nie wieder dasselbe sein! Ein humoristischer Überblick über die bedeutendsten Veränderungen in Ihrem Leben.

NIE MEHR ALLEIN

Katzen mögen unabhängig sein – aber haben sie erst einmal einen menschlichen „Dosenöffner" in ihr Herz geschlossen, verwandeln sie sich in anhängliche Kuscheltiere. Freuen Sie sich auf gemütliche Abende auf dem Sofa, nächtliche Besucher am Kopfende Ihres Bettes und, leider auch auf Gesellschaft im Badezimmer.

IHR NEUER WECKER

Wildkatzen fressen nach Jagderfolg, nicht nach der Uhr. Doch unsere Haustiger wissen ganz genau, wann es Zeit für ihr Frühstück, den Snack oder ihr Abendessen ist – und fordern dieses vehement und meistens überpünktlich ein. Stehen Sie wochentags um sechs Uhr in der Früh auf und füttern Ihre Katze, wird sie auch am Wochenende darauf achten, dass Sie die Frühstückszeit bloß nicht verschlafen …

KLEIDUNGSWAHL NACH JAHRESZEITEN

Katzen haaren – doch wer keine Katzen hält, kann sich kaum vorstellen, wie sehr sie haaren … Je nach Jahreszeit und Rasse kann beim Fellwechsel schon eine beträchtliche Menge Wolle zusammenkommen, die sich da sammelt, wo sich Ihre Katze gern aufhält: Auf dem Sofa, im Bett – und auf Ihrer Hose.
Die Farbwahl Ihrer Kleidung wird sich nun nicht mehr an dem modischen Geschmack orientieren, sondern nach der Farbe Ihrer Katze. Doch keine Angst: Eine Jeans geht immer!

SHOPPINGTRIP IM TIERBEDARFSHANDEL

Katzenstreu kaufen, das war es? Bloß nicht! Kaum ein Katzenfreund schafft es, gleichgültig an buntem Katzenspielzeug und Kuschelkissen vorbeizugehen und nicht doch kurz die Zusammensetzung des neuen Futters unter die Lupe zu nehmen. Oft vergeht eine Stunde, bis man die Oase Tierhandel wieder verlässt … Keine falsche Hoffnung: Auch Online-Shopping bewahrt Sie nicht vor Spontankäufen.

WEIHNACHTEN MIT TIER

Feiertage haben keinerlei Bedeutung für unsere Katzen. Spielen die Menschen verrückt und schleppen einen echten Katzenbaum ins Haus, um ihn mit bunten Bändern zu schmücken, horchen aber auch Katzen auf. Mit einem Stubentiger in Ihrem Haushalt werden Sie Weihnachtskugeln gegen Filzanhänger tauschen, den giftigen Weihnachtsstern und Lametta verbannen und vermutlich mehr Weihnachtsgeschenke für Ihre Katze kaufen als für Ihren Partner … Das Interessanteste an der Bescherung wird vermutlich das Geschenkpapier sein.

KATZEN MACHEN SÜCHTIG!

Vielleicht haben Sie beim Lesen der letzten Seite geschmunzelt, vielleicht gelächelt, vielleicht den Kopf geschüttelt. Eines ist aber sicher: Katzen machen süchtig. Wer einmal mit einer Katze zusammengelebt hat, ist für immer gezeichnet. Er wird weder die gemeinsamen Kuschelstunden missen wollen, noch sich von Katzenhaaren auf der Kleidung oder Weckern mit Miau-Alarm abschrecken lassen. Beim Öffnen der Wohnungstür wird er gleich nach seiner Katze Ausschau halten und sich nicht mehr an den Schreibtisch setzen wollen, ohne leichte Katzenpfoten auf seinen Knien zu spüren. Leben mit Katze ist einzigartig, abwechslungsreich und wunderschön.

WER PASST ZU WEM?

Von Streunerkatzen und Persern

„Wirklich großartig ist, dass es Katzen in allen Varianten gibt. Man findet sie passend zu jeder Art der Persönlichkeit und der Laune. Aber unter dem Pelz lebt unverändert eine der freiesten Seelen der Welt.“ (Eric Gurney)

DIE ENTSCHEIDUNG *für eine Katze*

Mensch ist nicht gleich Mensch, Familie ist nicht gleich Familie und keine Katze gleicht der anderen. Das sind gute und gleichzeitig schlechte Nachrichten: Mit dem Gang zum Züchter allein ist es nicht getan. Aber dafür findet jeder Topf seinen Deckel, jeder Katzenfreund einen neuen Freund und jede Katze ihren idealen Halter!

HÖREN SIE AUF IHR HERZ – UND AUF IHREN VERSTAND

Ich mag sensible Katzen. Beim Tierheimbesuch sind es immer die scheuen Stubentiger, die mit ängstlichen Augen in die Welt schauen und beim Näherkommen eines Zweibeiners am liebsten im Boden versinken würden, die mich magisch anziehen. Sowohl meine Katze Shiela, damals noch im Haus meiner Eltern, als auch meine jahrelangen Begleiter im Erwachsenenleben, Fleckli und Sakura, sind bzw. waren überaus sensible, ängstliche Stubentiger, die sich mit ein wenig Geduld und Vertrauen jedoch zu wunderbaren Lebensgefährten und, in Flecklis Fall, sogar zur perfekten Familienkatze entwickelten.
Mit einem eher stabilen, langweiligen Lebenswandel, einer ruhigen Gartenwohnung und genügend Katzenerfahrung wären mein Mann und ich so lange Zeit der Traum eines jeden Tierheimmitarbeiters gewesen, um einer ängstlichen Katze ein neues Zuhause zu geben. Als wir nach dem allzu schnellen Ableben unserer Sakura aber einen neuen Lebenspartner für Fleckli suchten, waren wir plötzlich zu Eltern einer lebhaften Tochter geworden, die Katzen abgöttisch liebte – und rund um die Uhr verfolgte. Keine gute Voraussetzung, um einer sensiblen Katze neues Vertrauen zu schenken! Auch, wenn mein Herz immer noch nach einer sensiblen Katze verlangte und ich beim Durchschauen der Online-Seiten der Tierheime immer wieder bei den Fotos kauernder Katzen mit großen Augen hängen blieb, musste darum ein Kompromiss her. Betrachtete man unsere Familiensituation allein, wäre ein ruhiger, nicht schnell zu verschreckender und eher dominanter Familienkater das Beste gewesen. Doch ein Kater, und dann auch noch dominant, für unsere Fleckli? Absolut nicht!

GANZ SPONTAN?

Manchmal kann eine spontane Entscheidung falsch sein. In unserem Fall verliebte sich die ganze Familie in eine eher dominante, dreijährige Kätzin, die unsere Fleckli leider drei Monate lang in die hinterste Ecke des Wohnzimmers verbannte.
Überlegen Sie sich vorher genau, welche Eigenschaften die Katze haben sollte und was zu Ihrer Lebenssituation passt. Wenn Sie die "perfekte Katze" gefunden haben und es auf beiden Seiten Liebe auf den ersten Blick ist, ist alles wunderbar.
Doch nicht immer ist der Verstand allein der richtige Berater, wenn es ein Stück weit um Herzensangelegenheiten geht. Vielleicht scheint die Katze perfekt zu sein, doch der Funke springt nicht über? Dann lassen Sie es lieber. Oder haben Sie etwa Ihren Lebenspartner nach seinem beruflichen Werdegang ausgewählt? Wahrscheinlich nicht.

DIE RICHTIGE KATZE FINDEN

Doch es gibt ihn, den Kompromiss. Egal, ob Sie sich beim Züchter nach einem neuen vierbeinigen Lebenspartner umschauen oder im Tierheim: Es mag vielleicht zuerst kompliziert erscheinen, auf Herz und Kopf gleichzeitig zu hören, aber es ist durchaus möglich.
Hören Sie zuerst auf Ihr Herz. Informieren Sie sich über die Katzen, die Ihnen von vornherein sympathisch sind, über ihre Eigenheiten und die Einschätzung des Züchters, Halters oder Tierheimmitarbeiters, was das perfekte Zuhause für diese Katzen angeht. Dann beziehen Sie Ihren Verstand in die Entscheidung ein: Ist diese Katze eine gute Ergänzung für mich, meine Familie und eventuelle andere Haustiere? Kann ich der Katze das Zuhause geben, das sie braucht? Wenn Ihre familiäre Situation eher kompliziert ist und viele Gesichtspunkte zu beachten sind, können Sie auch zuerst die Katzen in die engere Wahl nehmen, die von der Empfehlung des Tierheimmitarbeiters, Züchters oder Halters her zu Ihrer Lebenssituation passt. Entscheiden Sie sich dann für die Katze, die Ihnen spontan ein gutes Gefühl gibt. Die Chemie mit der „perfekten" Katze passt einfach nicht? Dann lassen Sie die Finger davon!

[a]

[b]

DAS IST *wirklich* WICHTIG

[a] FRIEDLICH Endlich – Sie sind bereit, nach einem vierbeinigen Familienmitglied zu suchen! Überlegen Sie vorab, welche Katze zu Ihnen und Ihrer Familie passt. Vielleicht ist Ihre Traumkatze eher ruhigeren Charakters.

[b] ZWEI AUF EINEN STREICH Oder mögen Sie lieber aufgewecktere Naturen? Vielleicht sogar im Doppelpack? Wofür auch immer Sie sich entscheiden: In jedem Fall gibt es die für Sie perfekte Katze, die Ihnen und Ihrer Familie viel Freude bereiten wird.

WER PASST ZU UNS?

Katze, Kater, jung oder alt?

Das vorwitzige Kätzchen oder doch der ruhige Kater im mittleren Alter? Manchmal brauchen Kopf und Herz ein wenig Nachhilfe, wenn es zu einer Entscheidung kommen soll. Nicht immer sind junge Katzen temperamentvoll und ältere Katzen perfekte Familientiere – in den meisten Fällen helfen aber wenige Parameter, um den Charakter der Katze und ihr zukünftiges Verhältnis einschätzen zu können.

KLEINER WIRBELWIND

Wer möchte herumtollende Katzenkinder nicht gleich auf den Arm nehmen, knuddeln, in eine Decke wickeln und mit nach Hause nehmen? Mit ihrer Tollpatschigkeit, ihren langen Gliedmaßen und ihren großen Augen wecken sie unseren Beschützerinstinkt. So ein Kätzchen zu einer selbstbewussten, gesunden Katze heranwachsen zu sehen, ist ein wundervolles Erlebnis. Doch die Aufzucht junger Katzen stellt auch besondere Herausforderungen. Werden Katzenkinder vor Ende der wichtigen Sozialisierungsphase, die etwa mit der zwölften bis sechzehnten Woche abgeschlossen ist, vermittelt, sind sie im Zweifelsfall weder stubenrein, noch wissen sie mit anderen Katzen, Tieren und Menschen umzugehen. Und selbst, wenn Ihr Katzenkind lang genug von Mutter und Geschwistern begleitet wurde, sind kleine Unfälle außerhalb der Katzentoilette und ein nicht sachgemäßer Gebrauch von Krallen und Zähnen keine Seltenheit. Katzen lernen schnell – in jeglicher Hinsicht. Schlechte Angewohnheiten gewöhnen sie sich genauso schnell an wie den Gang zum Katzenklo, sobald die Blase drückt. Erwarten Sie nicht vom ersten Tag an vorbildliches Verhalten, und sind Sie bereit, den kleinen Wirbelwind konsequent und geduldig zu erziehen, steht dem Einzug eines Katzenkindes nichts mehr im Weg! Bitte vergessen Sie aber auch die nötige Gesundheitsvorsorge für Jungkatzen nicht. Dazu sollte auch eine Kastration gehören.

ERWACHSENE STUBENTIGER

Während Jungkatzen Überraschungseiern ähneln, ist der Charakter einer erwachsenen Katze meistens schon gefestigt. Abhängig davon, ob Sie Ihr neues Familienmitglied aus dem Tierheim, vom Züchter oder Vorbesitzer erhalten, können Sie eventuell schon einiges erfahren: Ist die Katze vorwitzig oder sensibel, verhält sie sich dominant, mag sie Kinder oder hat sie gesundheitliche Probleme? Gerade dann, wenn Sie eine zweite Katze suchen oder Ihr Familienleben besondere Anforderungen stellt, kann dies ein erheblicher Vorteil sein! Dennoch zeigt die Praxis von Züchtern und Tierheimen, dass erwachsene Stubentiger sehr viel schwerer zu vermitteln sind als süße Katzenkinder. Umso schöner ist es, wenn Sie einem gesetzten Stubentiger eine zweite Chance geben möchten!

VON KATZEN UND KATERN

Weibliche Katzen sind launisch, Kater stoisch – oder? Tatsächlich steckt in diesen Klischees ein Stück Wahrheit. Viele männliche Katzen, ob kastriert oder nicht, sind hormonbedingt revierbezogener und dominanter als Katzendamen. Suchen Sie nach einem Artgenossen für Ihren schon vorhandenen kätzischen Mitbewohner, kann darum auch das Geschlecht eine Rolle spielen. Kater fühlen sich in der Regel weniger bedroht von Kätzinnen als von anderen Katern. Viele Katzendamen schätzen die Gesellschaft einer anderen Kätzin. Möchten Sie zwei Stubentigern zeitgleich ein neues Zuhause geben, gilt oft der Satz: „Gleich und gleich gesellt sich gern." Jungkater sind oft wahre Raufbolde, Weibchen hingegen eher vorsichtig. Entscheiden Sie sich für Wurfgeschwister oder gleichaltrige Katzenkinder, ist es darum oft ratsam, zwei Katzen des gleichen Geschlechts zu nehmen. So muss das Katzenmädchen nicht unter ihrem wilden Bruder leiden.

VOR- UND NACHTEILE Ein Katzenkind ist noch ein unbeschriebenes Blatt. Es bringt zwar gewisse Charaktereigenschaften mit, doch es ist noch formbar und kann sich gut an Ihre Familie anpassen. Erwachsene Katzen aus zweiter Hand haben schon viel erlebt – Positives wie Negatives. Ihr Charakter ist gefestigt, sie kennen vieles, doch vielleicht reagieren sie auf manches auch ängstlich.

DER MITBEWOHNER

Die Suche nach der perfekten Katze

Der Katzenmarkt ist kunterbunt: In den Kleinanzeigen des örtlichen Tagesblattes, in Tiermagazinen und im Internet suchen rassige Schönheiten, Zuchtkatzen, Mischlinge und Tierheimkatzen ein neues, liebevolles Zuhause.

HOHER ADEL ODER BAUERNHOFSCHÖNHEIT

Ob Sie sich für eine Rassekatze oder einen Mix entscheiden, ist nicht nur eine ästhetische Frage. Abgesehen davon, dass Sie vielleicht schon lange von einer langbeinigen Siamkatze mit seidigem Fell träumen oder sich für das wilde Äußere der Maine Coon begeistern können, müssen Zuchtkatzen nicht nur äußerlich, sondern auch vom Charakter her einem bestimmten Rassetyp genügen. Wer sich für eine Rassekatze entscheidet, kauft daher nicht die Katze im Sack: Auch bei einem Jungtier kann er in den meisten Fällen abschätzen, wie sich das Kätzchen entwickelt und bleibt von Überraschungen verschont. Das kann gerade dann ein Vorteil sein, wenn Sie schon eine Katze dieser Rasse besitzen oder Ihrer Katze nur begrenzte Ressourcen in Bezug auf Platzangebot und Freigang bieten können. Viele ruhige Rassekatzen eignen sich eher als Wohnungskatze als kleine Racker vom Bauernhof.
Natürlich ist jede Katze nur so gut wie der Züchter, bei dem sie aufgewachsen ist: Verantwortungsbewusste Katzenzüchter verpaaren nicht nur, sondern lassen die begrenzte Anzahl an Würfen im Familienbund aufwachsen, sorgen für eine umfassende Gesundheitsvorsorge und lassen sich Zeit bei der Auswahl der richtigen Käufer. Eine Katze von einem verantwortungsbewussten Züchter wird in der Regel gut sozialisiert sein. Im Gegensatz zur Katze aus dem Tierschutz oder vom Bauernhof kann der Kauf einer Rassekatze aber durchaus eine größere Anschaffung sein: Je nach Rasse, Alter und Seriosität des Züchters kann diese schon in die Tausende Euro gehen. Dafür bekommt der Käufer hoffentlich nicht nur eine gut sozialisierte und gesunde Rassekatze mit Papieren, sondern auch eine eingehende Beratung durch den Züchter, der bei eventuellen Problemen als Ansprechpartner zur Verfügung steht. Tierschutzkatzen sind oft nicht nur genauso schön wie ihre edlen Verwandten, sondern bereichern Ihr Leben genauso gut wie eine Katze mit Stammbaum. Sollten Sie sich für eine erwachsene Katze von Privat oder aus dem Tierheim entscheiden, können Ihnen Vorbesitzer und Tierpfleger oft die nötige Hilfestellung geben, die Sie von einem professionellen Züchter erwarten.

ODER VIELLEICHT GLEICH ZWEI?

Entscheiden Sie sich von vornherein für den Einzug von zwei Katzen, bedeutet dieses weder doppelten Aufwand noch doppeltes Chaos. Kein noch so engagierter Katzenfreund kann einen Artgenossen ersetzen und die meisten Katzen sind glücklicher, wenn ihnen eine zweite Katze Gesellschaft leistet. Sowohl im Tierheim als auch beim Züchter bilden sich zudem oft Freundschaften zwischen zwei Tieren. Und wer möchte schon ein befreundetes Paar auseinanderreißen? Egal, ob Sie aus diesem Grund zwei Katzen zu sich nehmen möchten oder einfach, um Ihrer Katze Kontakt zu Artgenossen zu ermöglichen: Wer solch ein befreundetes Paar zu sich holt, erleichtert die Eingewöhnung und sorgt zudem dafür, dass beide Katzen nie allein sind – auch dann nicht, wenn Sie selbst viel arbeiten oder aufgrund von aufwendigen Freizeitaktivitäten auch am Wochenende selten Zuhause sind. Wenn Sie darüber nachdenken, ob Sie vielleicht doch gleich zwei Katzen ein Zuhause bieten möchten, erfahren Sie im letzten Kapitel mehr zum Thema kätzische Wohngemeinschaft.

[a]

[b]

[c]

DAS IST *wirklich* WICHTIG

[a] VORSTELLUNGEN UND VORLIEBEN Wer ganz genaue Vorstellungen von seiner Katze hat, hat sich oft schon unbewusst in eine bestimmte Rasse verliebt.

[b] BEIM ZÜCHTER Diese Britisch Kurzhaar Kätzchen werden liebevoll aufgezogen und in Gegenwart von Mutter und Geschwistern behutsam an den Menschen gewöhnt, bis sie bereit sind, in ihr neues Zuhause zu ziehen.

[c] NIMM GLEICH ZWEI Doch wer kann sich bei einem Wurf von derart bezaubernden Jungtieren schon für eine bestimmte Katze entscheiden? Geben Sie doch gleich zwei Kätzchen ein Zuhause! So ist Ihre Katze nie allein.

DAS IST *wirklich* WICHTIG

[a] NIMM MICH MIT! Jahr für Jahr landen Tausende von herrenlosen und ungewünschten Katzen im Tierheim. Warum nicht einer Katze aus dem Tierschutz ein neues Zuhause bieten?

[b] EIN FREUND FÜRS LEBEN Tierheimkatzen gelten als verängstigt, verwahrlost oder krank. Vorurteile, die sich nur selten bewahrheiten! Ganz im Gegenteil: Katzen aus dem Tierschutz sind oft sehr anhänglich und dankbar. Sie werden meistens Freunde fürs Leben.

[a]

[b]

EIN NEUER FREUND

Vom Züchter oder aus dem Tierheim?

Zuerst stellt sich aber die Frage: Wo finde ich die Katze, die sich schnurrend an mich schmiegt, vorsichtig meine Hand beriecht oder auch nur scheu um die Ecke lugt? Wo kann ich nach einem neuen Familienmitglied und Freund suchen, der mein Leben lange bereichern wird?

Wo Sie die für Sie perfekte Katze treffen werden, hängt vor allem von Ihren Vorlieben und Wünschen ab. Ist Ihnen das Erscheinungsbild Ihrer Katze wichtig, vielleicht auch ihre Abstammung? Legen Sie auf den Charakter des zukünftigen Familienmitgliedes Wert? Möchten Sie einer Katze aus schlechten Verhältnissen ein Zuhause geben? Können Sie der Katze Freilauf gewähren oder wird sie als Wohnungskatze gehalten? Sind andere Tiere oder Kinder im Haus? Haben Sie Zeit und Geduld, länger nach dem passenden Partner für sich und eine eventuell schon bei Ihnen lebende Fellnase zu suchen? Seien Sie ehrlich zu sich selbst und lassen Sie sich nicht von geltenden Konventionen und Ansichten beeinflussen. Die Entscheidung für oder gegen eine Katze aus dem Tierschutz oder vom Züchter scheint die Katzenwelt zu entzweien. Doch keine Angst, wenn Sie auf meine erste Frage mit einem klaren „Ja!" geantwortet haben oder vielleicht sogar Bewunderer einer bestimmten Katzenrasse sind, macht Sie dies nicht zu einem schlechten Menschen.

AUS DEM TIERSCHUTZ

Groß, klein, alt, jung, Rassekatze oder Mix – wer durch das Katzenhaus im Tierheim schlendert, findet kaum etwas, was es nicht gibt. Gerade im Frühling und Herbst können sich die Mitarbeiter im Tierschutz vor der Abgabe junger Kätzchen kaum retten und winkt die Urlaubszeit, werden viele Katzen auch schon einmal von den Besitzern ins Heim gebracht. Einen angeblichen Grund gibt es in den meisten Fällen: Unsauberkeit, eine Allergie oder eine plötzliche Unverträglichkeit mit dem Haushund. Nicht immer entspricht dies der Wahrheit und entgegen landläufiger Vorurteile sind Tierheimkatzen nur selten „gebrochen", „verrückt", „übersensibel" oder haben „einen an der Klatsche". Ganz im Gegenteil: Durch die oft lange Zeit im Tierschutz wissen es viele Katzen zu schätzen, dass sie plötzlich rund um die Uhr Menschenkontakt haben, ihnen abends das Ohr gekrault wird und sie vielleicht sogar Freigang genießen dürfen. Auch wenn das Tierheim nur eine Übergangslösung ist, versuchen die meisten Vereine, den Aufenthalt der Katzen so angenehm wie möglich zu gestalten. Je nach Charakter des Tieres gibt es Gruppen- oder Einzelzimmer, manche Tierheime bieten ihren Katzen sogar die Möglichkeit, in eigens eingezäunten Bereichen Freilauf zu genießen. Natürlich gibt es auch hier schwarze Schafe. In der Regel sind die Mitarbeiter und Freiwilligen aber um jedes Tier bemüht, bieten ihnen Kontakt zum Menschen mit Streichel- und Spieleinheiten und achten auf eine gründliche Gesundheitsvorsorge. Katzen aus dem Tierschutz sollten geimpft, entwurmt und kastriert sein. Manchmal werden Jungtiere aber auch mit der Verpflichtung, die Katze ab einem bestimmten Alter zeugungsunfähig zu machen, abgegeben. Das hat einen guten Grund: Zwei Katzen können in einem Jahr etwa zwölf Kätzchen zeugen. Nach zwei Jahren werden daraus schnell 66, nach drei Jahren 350, nach vier Jahren 2200 und nach zehn Jahren über 80 Millionen Katzen! Kastration ist also auch aktiver Tierschutz.
Zudem kennen die Tierheimmitarbeiter die Tiere recht gut. Sie können Sie bei der Auswahl beraten und Ihnen oft etwas über deren Vorgeschichte erzählen.

EINE KATZE VOM ZÜCHTER

Die meisten Katzenrassen sind relativ jung: Erst in den letzten 150 Jahren begannen Katzenliebhaber, gezielt Katzen mit besonderen Merkmalen zu verpaaren. Manche der daraus entstandenen Rassen sind sogenannte „Naturrassen" wie die Sibirische Waldkatze, andere wie die stupsnasige Perserkatze gehen auf zufällige Mutationen zurück, die gezielt zur Zucht ausgewählt wurden. Dabei sind Rassekatzen viel mehr als ihr Körperbau, das lange Fell oder die großen Augen. Zuchtordnungen gehen nicht nur auf ein bestimmtes Erscheinungsbild ein, sondern auch auf den Charakter: Orientalische Katzenrassen gelten als lebhaft und kommunikativ, während die Britisch Kurzhaar eher ein ruhiges Gemüt hat. Mehr darüber finden Sie auf Seite 43.

KLEINE FREIGEISTER

vom Bauernhof oder aus privater Hand

In der großen Scheune, in der das Heu gelagert wird, toben die kleinen Kätzchen, hüpfen über die Strohballen und jagen sich gegenseitig. Am liebsten möchte man gleich eins mitnehmen. Die Kleinen vom Land brauchen oft viel Freiheit.

VERMITTLUNG VON PRIVAT

Manchmal geht das Leben seltsame Wege. Ein neuer Job, ein Umzug, eine neue Beziehung oder gesundheitliche Gründe können dazu führen, der geliebten Katze nicht mehr das Zuhause bieten zu können, das sie verdient. Ein verantwortungsbewusster Katzenhalter zu sein bedeutet manchmal, im Sinne der Katze loszulassen – auch dann, wenn es schwerfällt.
Die Tiervermittlungsanzeigen in der Tageszeitung lesen sich darum oft wie Kontaktgesuche eines Menschen, samt Vorstellung der Katze und Beschreibung des idealen neuen Zuhauses. Wer die Möglichkeit sucht, möglichst viel über das neue Familienmitglied zu erfahren und ein paarmal „Probeschmusen" zu dürfen, wird hier fündig: Sicherlich werden auch Sie unter die Lupe genommen – doch kann man es den Noch-Katzenhaltern verübeln, dass sie ein besonders gutes Zuhause für ihren Stubentiger finden möchten? Das Wohl der Katze steht an erster Stelle, oft werden Katzen von Privat darum gegen eine Schutzgebühr und einen Schutzvertrag mit Zubehör abgegeben. Im Gegenzug erfahren Sie vom vorherigen Besitzer viel über das Leben der Katze, ihre Vorlieben und ihre Eigenheiten.

WILD UND FREI VOM BAUERNHOF

Von den 66 Katzen, die ein einzelnes Katzenpaar innerhalb von zwei Jahren zeugen kann, leben sehr viele als Mäusefänger auf Bauernhöfen. Sie werden nur selten kastriert – meistens aus Kostengründen, aber auch, um dafür zu sorgen, „dass immer genug Mäusefänger verfügbar sind". Im Frühling und Herbst nimmt die Zahl der Kätzchen regelmäßig Überhand.
Ein Katzenwurf auf dem Heuboden versetzt jeden Katzenfreund in Verzückung. Doch auch, wenn man die winzigen Fellknäule am liebsten gleich in den eigenen Pullover wickeln und einstecken möchte, muss das nicht die ideale Lösung sein. Bauern, die ihre Katzen nicht kastrieren, kümmern sich nur selten um Entwurmung, Impfung, Parasitenbehandlung oder sonstige gesundheitliche Maßnahmen. Auch wenn die Kätzchen gesund aussehen, können sie schon durch die mangelhafte Muttermilch eventuell viel zu junger Katzenmütter eine frühzeitige Mangelernährung erlitten haben. Viele Katzen leiden unter Katzenschnupfen oder sind von klein auf verwurmt. Wenn Sie sich für ein nettes Bauernhofkätzchen entscheiden, sollten Sie möglichst rasch zum Tierarzt gehen, damit es enwurmt und geimpft werden kann. Viele der Kätzchen werden zu jung abgegeben. Die meisten von ihnen sind jünger als zwölf Wochen – das von Katzenexperten anerkannte Alter, in dem die Katzenkinder ausreichend sozialisiert sind und von ihren Müttern auf ihr Katzenleben vorbereitet wurden. Zudem sollten die Mütter an Menschen gewöhnt sein, denn wenn sie die Kleinen verstecken und selbst immer weglaufen, bleiben auch die Kätzchen scheu.

FREIHEITSDRANG

Und noch eines: Katzen, die ein Leben im Freien gewohnt sind, eignen sich schlecht als reine Wohnungskatzen. Die meisten fordern ihren Freilauf ein, ansonsten leben sie ihre Energie in der Wohnung aus. Zu ruhigen Wohnungskatzen werden die kleinen Wildfänge nur selten. Wer sich für eine Bauernhofkatze entscheidet, sollte ihr am besten Freilauf oder zumindest einen katzensicheren Garten gewähren. Ansonsten benötigen Sie viel Geduld, ausreichend Platz und können ihr idealerweise einen gleichaltrigen Spielgefährten bieten.
Überlegen Sie sich also genau, ob Sie der Katze die richtige Umgebung bieten können.

SOZIALISATION **Experten sind sich einig, dass die für die Katze wichtige Sozialisierungsphase bis zur zwölften Woche stattfindet – viele Verhaltensexperten gehen mittlerweile sogar von der sechzehnten Woche aus. In dieser sensiblen Phase lernt das kleine Kätzchen alles Wichtige von seiner Katzenmutter. Raufereien mit Geschwistern lassen es das Sozialgefüge und Miteinander mit Artgenossen erproben und erfahren, es hat die Möglichkeit, seine Umwelt mit allen Sinnen zu erfahren, eine eigene Persönlichkeit zu entwickeln und Selbstkontrolle zu erlernen. Wer einem ausgeglichenen Kätzchen ein Zuhause geben möchte, sollte sich und ihm darum Zeit lassen und es nicht vor Abschluss dieser Prägungsphase zu sich nehmen!**

[a]

DAS IST *wirklich* WICHTIG

[a] SCHLAFPLATZ Für uns scheint der Eimer nicht der bequemste Schlafplatz zu sein, doch diese kleine Katze sieht das anders.

[b] FREIGEIST So ein kleines Energiebündel hat es faustdick hinter den Ohren und eignet sich selten als reine Wohnungskatze.

[b]

[a]

DAS IST *wirklich* WICHTIG

[a] UMSORGTE KINDHEIT Schon bevor das Katzenkind zum ersten Mal die Augen öffnet, werden die Weichen für ein langes, gesundes Katzenleben gestellt.

[b] LIMITIERTE EDITION Damit die kleinen Katzen eine Kindheit voller Liebe und Aufmerksamkeit erleben dürfen und zu gesunden erwachsenen Katzen heranwachsen können, beschränkt sich ein professioneller Züchter auf eine geringe Anzahl an Zuchttieren und Würfen.

[b]

AUS GUTEM HAUSE

So finden Sie den richtigen Züchter

Ab zum Züchter – und nach Hause mit dem Prachtstück. Leider ist es nicht immer so einfach. Rassekatzen sind teuer und oft ist es schwer, die Spreu vom Weizen zu trennen und einen seriösen Züchter von einem „Vermehrer" zu unterscheiden, bei dem der Gewinn im Vordergrund steht und der Katzen wahllos verpaart, um beliebte Kriterien wie Ohrpinsel oder ein besonders weiches Fell zu erreichen.

Wissen um Genetik, die Gesundheit der einzelnen Tiere oder eine ausreichende Sozialisierung werden oft außen vor gelassen, stattdessen werden die entstandenen Tiere als „Rassekatzen ohne Papiere" abgegeben. Ein seriöser Züchter hat nicht nur ein Zuchtziel vor Augen, sondern auch die Gesundheit seiner Katzen – dieses Ziel steht vor dem großen Gewinn. Durch die nötigen Impfungen, Gesundheitsuntersuchungen und die Vereinsmitgliedschaft zwecks Qualitätskontrolle ist die Katzenzucht ein teures Hobby – selbst mit den gängigen Preisen für Rassekatzen lassen sich Futter, Ausrüstung und Tierarztkosten für Elterntiere und Kitten eher selten finanzieren. Die folgenden Punkte können Ihnen als Checkliste bei der Suche nach einem guten Züchter helfen.

DIE ZUCHT

Wenige Würfe Schon lange schwirrt das Bild Ihrer Traumkatze in Ihrem Kopf herum. Endlich haben Sie eine Telefonnummer eines örtlichen Züchters gefunden, zum Hörer gegriffen, sich vorgestellt – und nun die große Enttäuschung. Die freundliche Stimme bedankt sich für Ihren Anruf und Ihr Interesse, bittet Sie aber um Geduld – es seien aktuell keine Jungkatzen zu verkaufen und auch für den nächsten Wurf in einem halben Jahr sei schon eine Warteliste vorhanden. Was ist das denn? Tatsächlich spricht es aber für eine Zucht, wenn Ihnen der Züchter schon beim ersten Telefongespräch mitteilt, dass Sie Ihre Traumkatze nicht schon heute Abend abholen können. Katzen zu züchten ist ein aufwendiges Hobby. Möchte der Züchter jeder Katze die Aufmerksamkeit schenken, die sie verdient, geht dies am besten mit einer begrenzten Anzahl von Zuchttieren und Würfen. Auch die Gesundheit und das Wohlbefinden der Zuchttiere sollte im Vordergrund stehen – und das bedeutet nur einen, vielleicht zwei Würfe pro Jahr und Katze und vielleicht auch einmal eine erzwungene Zuchtpause zwecks Erholung.

Anzahl der angebotenen Rassen Größe, Alter, Farbe, Felllänge – jeder Käufer mag es, Auswahl zu haben. Eine Katzenzucht ist aber kein Gemischtwarenladen! Es geht um mehr als darum, eine besonders hübsch aussehende Katze mit offensichtlichen Rassemerkmalen anzubieten. Fundiertes Wissen um die jeweilige Rassengenetik gehört genauso dazu wie eine durchdachte Auswahl der Zuchttiere. Was schon für die Anzahl der Würfe galt, gilt auch für die Anzahl der angebotenen Rassen. Wer qualitativ hochwertige, gesunde und gut sozialisierte Katzen züchten möchte, kann dieses nur in kleinem Maß. Von Züchtern, die Ihnen gleich drei oder mehrere Katzenrassen anbieten, sollten Sie die Finger lassen.

Familienverbund Herrenlose Schuhe im Hauseingang, angekautes Katzenspielzeug und ein Kratzbaum in jedem Raum. Wer Katzen züchtet, lebt manchmal im Chaos. So lange Sie den Eindruck haben, dass Haus und Haushalt sauber sind, auf die nötigen Hygienemaßnahmen wie saubere Katzentoiletten und frisch ausgespülte Futternäpfe geachtet wird und alle Katzen gesund und gepflegt aussehen, ist dies völlig in Ordnung. Ein seriöser Züchter schließt seine Katze nicht in einen abgetrennten Raum oder in eine Scheune ein, sondern lässt sie im Familienverbund aufwachsen. Schließlich sollen die Katzenkinder ein gutes Verhältnis zu Menschen und anderen Tieren aufbauen!

Vereinszugehörigkeit Wer sich für eine bestimmte Katzenrasse begeistert hat und an der Gestaltung dieser Rasse mitwirken möchte, ist auf Qualität bedacht. Dazu gehört die Mitgliedschaft in einem Katzenzuchtverein. Eine festgelegte Zuchtordnung sichert den Fortbestand der Rasse. Papiere sind der einzige Beweis, dass Sie eine Rassekatze erwerben – beantragen kann der Züchter diese nur als Mitglied.

DER ERSTKONTAKT

Lernen Sie den Züchterhaushalt kennen

Eine Katze, ein Kater und schon kann man Katzenkinder zu hohen Preisen verkaufen? Ganz so einfach ist es nicht. Denn wer Wert auf eine qualiativ hochwertige Zucht mit gesunden und schönen Tieren legt, muss auch einiges dafür tun.

DIE KATZEN

Der Erstkontakt Inwieweit der Charakter der Elterntiere auf den Nachwuchs vererbt wird, ist noch nicht hundertprozentig wissenschaftlich bewiesen. Sicher ist aber, dass ruhige, freundliche und gut sozialisierte Katzen ein gutes Vorbild bieten und auch ebensolche Katzenkinder aufziehen! Achten Sie darum beim ersten Besuch nicht nur auf die süßen Kitten im Wurfkorb, sondern auch auf die Elterntiere und weitere Katzen im Haus. Gehen sie auf Sie zu, reiben sich vielleicht sogar freundlich an Ihrem Bein, riechen an Ihren Schuhen und lassen sich ohne Probleme anfassen und streicheln? Oder wirken die Tiere verängstigt, vielleicht sogar überfordert vom Trubel im Haus oder sind aggressiv anderen Katzen oder Tieren gegenüber?

Gesundheitsvorsorge Gesunde Elterntiere sind die Basis, um gesunde Katzenkinder zu züchten. Die Katzen sollten nicht nur gesund und gepflegt aussehen, der Züchter ist sicherlich auch gern bereit, Ihnen die Impfpapiere seiner Tiere zu zeigen – und das gilt nicht nur für Katzenkinder und ihre Eltern, sondern auch für alle weiteren Katzen im Haus. Da verantwortungsvolle Züchter ihre Kitten erst nach Abschluss der Sozialisierung in der zwölften Woche abgeben, sollten Sie beim Kauf auch den Heimtierausweis samt eingetragener Impfungen und die Microchipnummer Ihrer Katze erhalten.

Papiere Zuchtpapiere sind mehr als nur ein teurer Fetzen Papier. In den meisten Fällen sind sie auch ein Qualitätsmerkmal. Ein professioneller Züchter ist Mitglied in einem Zuchtverein und hat Papiere für die Katzenkinder beantragt. Er züchtet keine „Rassekatzen ohne Papiere", nur um Rassekatzenpreise verdienen zu können, ohne sich der Kontrolle durch einen Zuchtverein unterziehen zu müssen. Für ihn steht das Wohl seiner Katzen und das Zuchtziel im Fokus.

Preis Das alles wirkt sich natürlich auf den Preis aus… Die Mitgliedschaft im Zuchtverein und Anschaffung von Zuchttieren ist nur ein kleiner Prozentsatz von den regelmäßigen Ausgaben, auf die sich ein Katzenzüchter einstellen muss. Nicht immer lohnt sich die Investition in eine teure Zuchtkatze – psychische oder gesundheitliche Probleme können zur Entscheidung führen, die wunderschöne Rassekatze frühzeitig in Rente gehen zu lassen. Wer Verantwortung für seine Katzen übernimmt, stellt sie regelmäßig dem Tierarzt vor, lässt alle nötigen Impfungen vornehmen und scheut auch höhere Ausgaben bei einer akuten Erkrankung oder einem chronischen Leiden nicht. Dazu kommen Futter für Elterntiere und Kitten. All das führt dazu, dass die Katzenzucht in den seltensten Fällen ein lohnenswerter Beruf ist, sondern ganz im Gegenteil ein teures Hobby. Auch Kittenpreise von 700 Euro oder mehr decken nicht immer die Ausgaben des Züchters.

DER ZÜCHTER

Fachwissen Mit dem Kauf einer Rassekatze ersteht der Käufer auch indirekt ein Stück Fachwissen vom Züchter. Dieser hat sich nicht nur in Sachen Genetik, Katzengesundheit, Pflege und Ernährung weitergebildet, sondern stellt dieses Wissen auch gern bereit. Er hilft bei der Auswahl der richtigen Katze sowie bei eventuellen Problemen.

Vor- und Nachkontrolle Stellen Sie sich vor, Sie würden Katzenkinder aufziehen. Sie wären von den ersten Atemzügen dabei, würden ihnen beim Trinken am Bauch der Mutterkatze helfen, nachts aufstehen, um nach ihrem Wohlbefinden zu sehen und ihnen den ersten Teller Katzenfutter reichen. Und irgendwann ist der Zeitpunkt gekommen, ein neues Zuhause für diese Kätzchen zu finden… Schon der Gedanke tut mir in der Seele weh – Ihnen sicherlich auch. Ein professioneller Züchter weiß, dass seine Katzen irgendwann in ein neues Zuhause ziehen werden. Das heißt nicht, dass es ihm leichter fällt als Ihnen und mir. Darum ist er darauf bedacht, dass das neue Zuhause auch wirklich den Bedürfnissen des Kätzchens entspricht. Vielleicht mag es Ihnen wie Bevormundung oder Kontrolle erscheinen, wenn der Züchter Ihre Wohnung besichtigt, bevor der Kaufvertrag geschlossen wird, oder er Ihr neues Familienmitglied persönlich zu Ihnen bringt. All dies dient nur dem Wohl der Katze!

[a]

DAS IST *wirklich* WICHTIG

[a] MEIN NEUES KÄTZCHEN! Auch, wenn Sie diesen Wonneproppen am liebsten gleich mit nach Hause nehmen würden: Haben Sie noch etwas Geduld, er ist noch zu klein!

[b] DIE KINDERSTUBE Im Verbund mit Geschwistern und Mutter lernen Katzenkinder alles, was sie für ein gesundes Katzenleben brauchen. Im Schlaf werden die vielen Eindrücke verarbeitet.

[c] FÜRS LEBEN LERNEN Diese Phase der „Sozialisierung" ist erst mit der zwölften bis sechzehnten Woche abgeschlossen. Danach sind die Kätzchen bereit, ihr neues Zuhause zu erkunden.

[b]

[c]

EDLE KATZEN

Das kleine Rasse-Einmaleins

Katzenrassen gibt es wie Sand am Meer. Hier finden Sie einen kleinen Überblick – vielleicht ist Ihre neue Lieblingsrasse ja sogar dabei?

RASSETYPEN

Die meisten Katzen lassen sich einem bestimmten Grundtyp zuordnen. „Waldkatzen" wie Maine Coon und Norwegische Waldkatzen sind durch ihr langes, glänzendes Fell und einen großen, gestreckten Körper leicht erkennbar.

Der „Siamtyp" hingegen ist schlank und langbeinig. Siamkatzen nehmen ihre Umwelt mit großen Augen und ebenso großen Ohren wahr – sie sind lebendig, anhänglich und mitteilsame „Quasselstrippen".

Eher ruhigen Gemüts dagegen ist der „Kartäusertyp". Rassen wie die Britisch Kurzhaar und die Kartäuser weisen eher kurze Beine und einen runden Kopf und gedrungenen Körper auf. Ähnliche Merkmale zeigen auch im „Persertyp" stehende Rassen, begeistern aber mit einem langen, seidigen Haarkleid mit viel Unterfell.

Einige Züchter setzen auf ein Quäntchen Wildkatzenblut. Die Bengal, eine Kreuzung aus asiatischer Bengalkatze und Hauskatze, wird seit den 80er Jahren gezüchtet. Zeigten die ersten Generationen noch Unsauberkeit und einen übermäßigen Bewegungsdrang, hat sich dieses inzwischen gelegt. Heute ist vor allem das Aussehen der Bengal mit großen, leuchtend grünen Augen und kleinen, möglichst abgerundeten Ohren sowie langen Beinen wild. Bengalen gelten als besonders intelligent, temperamentvoll, bewegungsliebend und menschenbezogen – bei Langeweile suchen sie sich schnell eine Beschäftigung, nicht immer zur Freude ihres Halters.

1 EUROPÄISCH KURZHAAR

Die mittelgroße und kurzhaarige Europäisch Kurzhaar ist jeder anderen Katzenrasse zahlenmäßig überlegen – was auch daran liegen mag, dass viele Wald-und-Wiesen-Mixe ohne Papiere gern als Europäisch Kurzhaar angeboten werden. Tatsächlich ist die in allen Farbschattierungen vorkommende mittelgroße Europäisch Kurzhaar aber eine offizielle, von der FIFe (Fédération Internationale Féline) anerkannte Rasse.

2 BRITISCH KURZHAAR

Menschenbezogen, ruhig, gesellig und mit wenig Freiheitsdrang gelten sie als die perfekten Gefährten für Katzenfreunde, die ihrem vierbeinigen Gefährten keinen Freilauf bieten können: die Britisch Kurzhaar. Ihr kurzes, durch das dichte Unterfell aber plüschiges Fell ist das Markenzeichen der eher gedrungenen Rasse, die seit der ersten Vorstellung einer Britisch Kurzhaarkatze in London im Jahr 1871 immer mehr Katzenfreunde für sich begeistert. Graue Britisch Kurzhaarkatzen werden oft fälschlicherweise als Kartäuser ausgegeben, doch die „Chartreux" ist eine eigene, selten vorkommende Rasse.

3 PERSER

Auch die Perserkatze weist Ähnlichkeit mit der British Kurzhaar auf: Charakterlich ebenfalls ruhig und menschenbezogen mit wenig Freiheitsdrang, sticht vor allem das Haarkleid der beliebten Katzenrasse hervor:

Perser weisen ein langes, sehr weiches Fell auf, das täglich gepflegt werden will, damit sich keine Knoten im stark ausgeprägten Unterfell bilden. Je nach Zuchtlinie kann der gedrungene Kopf mit einem flachen Nasenrücken besonders markant hervorstechen – bei einzelnen Katzen kann dies zu Atemstörungen oder Problemen beim Fressen führen. Die Colourpoint oder Maskenperser ist eine Farbvariante der Perserkatze, die durch Kreuzung von Siam- und Perserkatzen entstanden ist. Farblich ähnelt sie der Siamkatze.

4 MAINE COON

Die Amerikanische Waldkatze, auch Maine Coon, besticht durch ihr wildes Äußeres, das dem der Europäischen Wildkatze ähnelt. Die große, langhaarige Katze mit dem wasserabweisenden Deckhaar gilt als sanft und gelehrig. Die kommunikative Maine Coon hat sich in den letzten Jahren zu einer echten Moderasse entwickelt. Die gezielte Zucht hat bei vielen der ursprünglichen „Naturburschen" das Risiko für die Herzerkrankung Hypertrophe Kardiomyopathie ansteigen lassen. Glücklicherweise gibt es mittlerweile einen Gentest. Jeder seriöse Züchter sollte seine Zuchttiere einem entsprechenden Test unterziehen.

5 SIAMESEN

„Siamese" bedeutet auf Thailändisch „Monddiamant". Kein Wunder, bestechen die langbeinigen Schönheiten doch oft mit strahlend blauen Augen in dem rassetypischen dreieckigen Gesicht mit den großen Ohren und der berühmten „Maske". Die aus Südostasien stammende Rasse erregte bei ihrer ersten Ausstellung 1871 im Londoner Crystal Palace Aufsehen. Heute sind die eleganten Tiere eine der beliebtesten Katzenrassen. Siamkatzen gelten als sehr menschenbezogen und gesprächig. Mit ihren hohen Stimmen führen sie gern ausgedehnte Gespräche.

6 HEILIGE BIRMA

Die Fellfarbe der Heiligen Birma ähnelt der der Siamkatzen: Ein helles Fell mit dunklen Abzeichen, besonders markant um Ohren und Nase. Im Gegensatz zur Siam ist ihr Fell aber halblang, ihr gestreckter Körper sitzt auf kurzen, stämmigen Beinen. Nicht nur äußerlich scheint die Heilige Birma eine Kreuzung zwischen Perser und Siam zu sein. Auch vom Charakter her ist sie gesellig wie die Siam, aber ruheliebend wie ein Perser.

7 BURMA

Die Burma wird oft mit der Heiligen Birma verwechselt, ähnelt ihr aber nur entfernt. Aus Birma, dem heutigen Myanmar in Südostasien, stammt die Burma aber tatsächlich. Die mittelgroße Kurzhaarkatze mit dem glänzenden Fell, der leichten Maskenfärbung und dem stämmigen Körper mit breitem Brustkorb gilt als besonders zutraulich und menschenbezogen. Statistisch gesehen werden Burmakatzen von allen Rassekatzen am ältesten. Allerdings hat die gezielte Zucht das Auftreten einer Erbkrankheit des Innenohrs, die Gleichgewichtsstörungen und Taubheit hervorrufen kann, gefördert.

[7]

[4]

[5]

[6]

KÄTZCHEN EINMALEINS

Wirbelwind auf vier Pfoten

„Schon die kleinste Katze ist ein Meisterwerk.“
(Leonardo Da Vinci)

MINI-TIGER

Vom Neugeborenen zum Halbstarken!

Katzenkinder kommen taub und blind auf die Welt, doch innerhalb weniger Tage und Wochen entwickeln sie sich zu Mini-Jägern und schließlich, innerhalb von etwa einem Jahr, zur ausgewachsenen Katze. Eine rasante Entwicklung!

LERNEN FÜRS LEBEN: DIE SOZIALISIERUNGSPHASE

Eine gute Kinderstube ist das A und O: Hier lernen die Tiger im Mini-Format das Handwerkszeug zum Katzenleben.
Kurz nach der Geburt sind Katzenkinder zwar blind und taub, aber sie können schon Wärme spüren und mit ihrem Geruchssinn ihre Katzenmutter sowie die „Milchbar" mit wichtiger Kolostralmilch identifizieren. Diese spezielle Frühmilch enthält lebenswichtige Antikörper, die die Kätzchen vor Krankheiten schützt, bis sich ihr eigenes Immunsystem entwickelt hat.
Schon in der zweiten Woche fangen die kleinen Kätzchen an, ihre Umgebung zu entdecken: Das Gehör entwickelt sich, die vorerst blauen Augen öffnen sich. Um die dritte Woche geht nun der Ernst des Lebens los: Hier beginnen die meisten Katzenmütter mit der Reinlichkeitserziehung. Sehr viel früher als bei Menschenkindern entwickeln sich die Milchzähne der Kätzchen. Ab etwa der fünften Woche probieren die Kleinen schon vom Futter der Mutterkatze. Je nachdem, was der Napf beinhaltet, bilden sich jetzt schon Vorlieben und Abneigungen.

JAGDTRAINING

Katzenmütter mit Zugang zum Freien beginnen nun, zuerst tote und dann lebende Beute ins Nest zu bringen. Vor Augen ihres Nachwuchses wird diese getötet und später den Kindern vor der Nase weggeschnappt. Was grausam wirkt, ist Teil eines ausgeklügelten Trainingskonzeptes: Katzenkinder verlieren so die Scheu vor lebender Beute, lernen, schnell und effektiv zu jagen und gezielt den Tötungsbiss zu setzen. Überlebenswichtig für den Jäger Katze!

SOZIALE KOMPETENZ

Obwohl die Phase der Kindheit für Katzen recht kurz ist, ist sie ungemein wichtig. Das Beobachten der Katzenmutter, Spiele und kleinere Rangeleien mit Wurfgeschwistern sind mehr als nur Kindersache: Sie bereiten Katzenkinder auf das Leben als erwachsene Katze vor. Nur im Zusammenleben mit Mutter und Geschwistern lernen sie, sich sozial zu verhalten, zu behaupten – und auch zu wissen, wann sie den Kürzeren gezogen haben. Dabei findet Sozialisierung nicht nur im Hinblick auf die eigene Art statt: Die Prägungsphase und das Verhalten der Katzenmutter nehmen auch großen Einfluss darauf, wie sich Katzen gegenüber dem Menschen verhalten. Nachkommen scheuer Katzenmütter, die während der frühen Kindheit nicht oder nur wenig Kontakt zum Menschen hatten, haben oft wenig Vertrauen in die großen, unheimlichen Zweibeiner. Katzenkinder, die von einer gut sozialisierten und zutraulichen Mutter aufgezogen wurden, haben diese Vorbehalte nur selten. Auch Tiere, die zu früh von ihrer Mutter getrennt wurden, weisen oft erhebliche Schwächen in ihrem Sozialverhalten anderen Katzen und auch Menschen gegenüber auf.

UMZUG INS NEUE ZUHAUSE

Mit Erreichen der zwölften Woche sind Katzenkinder zwar noch nicht zu fertigen, erwachsenen Katzen gereift – doch sie haben eine gute Grunderziehung im Nestverband genossen und sind bereit, in ihr neues Zuhause umziehen. Doch nicht nur die Kindheitserinnerungen sind prägend für ein Katzenleben. Besonders sensibel sind Katzen auch in der Pubertät, in der sie genau wie Menschenkinder von ihren Hormonen gesteuert sind.

ES BEGINNT MIT DER KATZENMUTTER **Die Entwicklung zum gesunden Katzenkind beginnt schon während der Trächtigkeit: Gesunde Katzenmütter überstehen die Strapazen der Geburt besser und bringen in der Regel gesunde Katzenkinder zur Welt. So kann eine Fehlernährung der Katzenmutter Entwicklungsstörungen der ungeborenen Jungen hervorrufen und auch während der Säugephase ist eine richtige Ernährung und Entwurmung des Muttertiers das A und O.**

[a]

DAS IST *wirklich* WICHTIG

[a] GEMEINSAM ABHÄNGEN Im Katzennest gibt es immer etwas zu erleben! Kein Wunder, schließlich ist die Zeit mit Mutter und Geschwistern eine turbulente und besonders wichtige Zeit für die kleinen Kätzchen.

[b] CRASHKURS Innerhalb weniger Wochen müssen die Tiger im Miniformat alles lernen, was für ein langes Katzenleben wichtig ist. Jagdunterricht gehört hier genauso dazu wie das Benutzen der Katzentoilette. Kein Wunder, dass die kleinen Jäger auch einmal müde sind!

[c] FÜR GENERATIONEN Alles, was das Katzenkind in der Kinderstube lernt, gibt es später an den eigenen Nachwuchs weiter. Ein Teil ist Instinkt, ein Teil erlernt – und so ziehen menschenbezogene, zutrauliche Katzenmütter auch ebensolche Katzenkinder auf.

[b]

[c]

[a]

DAS IST *wirklich* WICHTIG

[a] ZIMMER MIT AUSBLICK „Wow! All das gehört nun mir?" Der kleine Tiger hat vollen Überblick und fühlt sich zudem sicher und geborgen in seiner Hängematte.

[b] KATZENKLO, KATZENKLO Eine Katzentoilette macht jede Katze froh – aber nur, wenn sie groß genug und mit sauberer Einstreu gefüllt ist.

[c] FÜR KLEINE KRATZBÜRSTEN Es muss nicht immer ein deckenhoher Katzenkratzbaum sein. Auch platzsparende Kratzmöglichkeiten erfüllen ihren Zweck.

[b]

[c]

DIE EINRICHTUNG
Das richtige Zubehör

Bevor die Katze kommt, dürfen Sie das Zubehör kaufen. Die Auswahl der richtigen Katze erscheint einfach, wenn man die große Auswahl an Kratzbäumen, Futtersorten, Spielzeugen, Ruheplätzen, Bürsten und Futternäpfen betrachtet.

Jeder Mensch und jede Katze hat eigene Anforderungen. Beim ersten Einkauf für die Katze sollten Sie sich darum auf wenige Produkte beschränken. Ist die Katze erst eingezogen, werden Sie den örtlichen Tierhandel oder Online-Shop noch oft genug besuchen, um Futter, Leckerlis, Spielzeug und weiteres Zubehör zu erstehen.

Transportkorb Natürlich benötigen Sie auch einen Transportkorb, um Ihr neues Familienmitglied sicher ins neue Zuhause transportieren zu können! Handelsübliche Transportkörbe gibt es aus Plastik oder Stoff. Geflochtene Körbe eignen sich nicht so gut, da sich die Katzen festkrallen und man sie zum Beispiel beim Tierarzt schlecht herausholen kann. Schnallen Sie den Korb im Auto an, damit Ihre Katze bei einem plötzlichen Bremsmanöver geschützt ist!

Katzentoilette Eine Toilette ohne Haube ist katzenfreundlicher als ein Haubenklo, in dem sich die Katze eingeengt fühlt und sich die Luft staut. Außerdem muss sie groß genug sein, damit sich die Katze bequem drehen kann. Wer mehreren Katzen ein Zuhause gibt, sollte idealerweise mehrere Katzentoiletten aufstellen, damit es hier nicht zu „Engpässen" kommt. Als ideale Zahl gilt die Anzahl der Katzen plus eins.

Katzenstreu Klumpende Betonitstreu macht die Reinigung einfacher, Holzstreu ist biologisch abbaubar. Katzen sind besonders reinliche Tiere und bestehen nicht nur auf saubere Einstreu, sondern haben oft auch eine Vorliebe für eine bestimmte Sorte. Lassen Sie sich gegebenenfalls vom Tierheim, Züchter oder Vorbesitzer die Marke der gewohnten Streu verraten.

Kratzmöglichkeit Jede Katze benötigt eine Möglichkeit, ihre Krallen zu wetzen und ihr Revier mit Kratzspuren zu markieren. Ein hoher Kratzbaum bietet gleichzeitig auch eine wunderbare Aussichtsmöglichkeit aus großer Höhe und einen ruhigen Schlaf- und Ruheplatz. Viele Katzen sind aber auch mit einem einfachen Kratzbrett zufrieden. Kreative Geister können auch mit wenig Aufwand, ein paar Regalbrettern und Sisalteppich einen eigenen Kratzbaum zaubern!

Näpfe Einen für Wasser, einen für Futter – manchmal ist es aber auch praktisch, mehrere Futternäpfe auf Vorrat zu kaufen. So müssen Sie nicht Ihr Porzellan nutzen, falls der Katzennapf für Feuchtfutter gerade in der Spülmaschine ist! Edelstahlnäpfe mit flachem Rand machen die Reinigung leicht und nehmen keine unangenehmen Gerüche an wie Plastiknäpfe. Keramiknäpfe sind dekorativ und lassen sich gut reinigen.

Futter Katzen sind eigen, was die Auswahl des Futters angeht. Beschränken Sie sich für die ersten Tage auf das gewohnte Futter Ihrer Katze und stellen Sie sie gegebenenfalls langsam auf ein neues Futter um.

Schlafplatz Hauskatzen verbringen einen Großteil ihres Tages damit, zu ruhen. Der richtige Schlafplatz ist nicht nur essenziell für einen guten und erholsamen Schlaf, sondern vermittelt der Katze auch ein Gefühl von Ruhe und Geborgenheit. Einige Katzen lieben kuschelig aussehende Schlafkörbchen, andere machen es sich lieber auf dem Sofa, im Bett oder Schrank bequem.

Spielzeug Viele Katzen sind auch mit Papierbällen und Toilettenpapierrollen zufrieden – doch welcher Katzenfreund kann schon an kuscheligen Fellmäusen und bunten Katzenangeln vorbeigehen? Achten Sie darauf, dass das Spielzeug keine verschluckbaren Kleinteile besitzt!

In den Kapiteln Katzenhaushalt, Ernährung und Spielzeug erhalten Sie weitere Informationen zu dem jeweiligen Zubehör!

DAS BRAUCHEN KATZEN AUSSERDEM

- **Ihr eigenes Revier zum Entdecken, Spielen, Entspannen**
- **Eine Welt in 3D bietet Klettermöglichkeiten und Aussichtsplätze**
- **Kratzmöglichkeiten**
- **Körperliche und mentale Herausforderungen**
- **Aufmerksamkeit**
- **Liebe**
- **Kontakt zu Artgenossen**

VORBEREITUNGEN
zum Einzug eines Katzenkindes

So ein kleines Fellbündel bringt schon eine Menge frischen Wind ins Haus – manchmal kann sich dieser auch zu einem richtigen Wirbelsturm entwickeln. Katzenkinder kommen auf eine Menge verrückter Ideen, vom Erkunden der Aussicht vom Bücherregal bis zum Erklettern der Gardinenstange.

Auch, wenn Ihr Katzenkind nicht unbedingt alle diese interessanten, neuen Möglichkeiten ausschöpft, schadet es nicht, sich auf den Einzug eines Katzenkindes vorzubereiten. So können Sie in Ruhe das Haus verlassen, ohne Angst vor dem ultimativen Chaos bei Ihrer Rückkehr zu haben.

ALLE THEORIE IST GRAU
In den aufregenden Wochen und Monaten vor dem Einzug des neuen Familienmitgliedes haben Sie vielleicht Bücher durchforstet, in Online-Foren gelesen und geschrieben und sich mit anderen Katzenfreunden und -haltern unterhalten. Einige Ratschläge werden Sie beruhigt haben, viele Erfahrungsberichte haben garantiert auch das Gegenteil erreicht. Welche meiner Zimmerpflanzen sind giftig, kann sich mein Katzenkind an der Gardinenkordel verletzen, was passiert, wenn es vom Bücherregal springt? Auch, wenn Vorsicht immer besser ist als Nachsicht, sollten Sie versuchen, nicht überall Gespenster zu sehen. Es ist wichtig, dass Sie sich in Ihrem Haus umsehen, um mögliche Gefahrenquellen zu eliminieren. Sie sollten sich aber auch bewusst sein, dass es höchstwahrscheinlich unmöglich ist, an alles zu denken! Viel wichtiger ist, dass Sie Ihr Katzenkind genau beobachten und eventuelle Probleme, an die Sie nicht gedacht haben, gleich angehen. Im Regelfall reicht der gesunde Menschenverstand, um die schlimmsten Unfallursachen zu beseitigen. Doch alle Theorie ist grau. Machen Sie Ihre eigenen Erfahrungen und seien Sie aufmerksam!

KITTENSICHERE WOHNUNG
Neben den Finessen der katzenkindsicheren Wohnung gibt es einige Gefahrenquellen, die Sie von vornherein eliminieren sollten – denn einige Sachen wird Ihr Kitten garantiert ausprobieren. Unsere Checkliste hilft Ihnen dabei, damit die ersten Tage, Wochen und Monate mit guten Erfahrungen und Erinnerungen für Ihr Katzenkind gefüllt sein werden!

OFFENE KIPPFENSTER
Wie sieht wohl die Welt da draußen aus? Kippfenster laden zum Erkunden der Außenwelt ein – doch allzu schnell können sie zur Falle werden, wenn das Kätzchen beim Fluchtversuch hängen bleibt und in den Spalt rutscht. Der Handel hält besondere Kippfenster-Schutzgitter für Katzen bereit, sodass Sie auch in Zukunft lüften können, ohne Ihre Katze unter ständige Beobachtung zu stellen.

GARDINEN UND ROLLOS
Woran denken Sie beim Lesen der Wörter „Katzenkind" und „Chaos"? Vielleicht an Ihre schönen Gardinen, die Ihr Kätzchen voller Energie als Fitnessgerät benutzt? Unter uns gesagt habe ich noch kein Katzenkind erlebt, das in diesem Sinne die Wände hochgeht – aber es mag sie sicherlich geben, die Gipfelstürmer. Tatsächlich ist das Gardinenklettern ungefährlicher als man denkt, denn mithilfe ihres Schwanzes, der als Ruder beim Fall wirkt, fallen auch Jungkatzen meistens auf alle Viere. Viel gefährlicher sind hingegen zur Schlaufe geknotete Kordeln von Raffrollos. Hier kann das Katzenkind hängen bleiben, mit Pfote, Körper oder Hals. Öffnen Sie Kordelschlaufen darum vorsichtshalber und legen Sie sie außer Reichweite.

[b]

DAS IST *wirklich* WICHTIG

[a] ALTERNATIVEN BIETEN Einfach mal abhängen – und auskundschaften, was man als nächstes anrichten könnte. Manchmal braucht es etwas Zeit und Erfahrung, eine Wohnung kittensicher zu machen!

[b] ANGELSPIELE „Ui, was ist das denn?" Jedes Katzenkind ist anders. Einige Minitiger lieben es, jedes potenzielle Spielzeug zu erjagen – manchmal ist es auch die herabhängende Spitzendecke – andere öffnen sogar Schubladen oder durchsuchen die Wohnung nach Essbarem. Was ist die Spezialität Ihres Kitten?

[a]

DAS IST *wirklich* WICHTIG

[a] KLETTERÜBUNGEN Junge Katzen lassen in ihrem Erkundungsdrang nur selten etwas aus. Turnübungen im Farn können durchaus auch dazu gehören. Als Blumen- und als Katzenfreund ist dies wahrscheinlich nicht in Ihrem Sinne.

[b] MITTEN HINEIN Doch nicht alles, was gemütlich aussieht, ist auch wirklich bequem – und so endet so manche Erkundungsphase einer jungen Katze in Scherben.

[c] VORSICHT, UNVERTRÄGLICH! Pflanzen bieten zudem eine weitere Gefahr: Frisches Grün wirkt einladend auf jede Katze, ist aber nicht immer genießbar.

[b]

[c]

SICHERES ZUHAUSE

Alles, was lieb und teuer ist

So ein kleiner Fratz will seine neue Umgebung erkunden und viel erleben. Doch auch, wenn Scherben angeblich Glück bringen, will keiner sein Katzenkind verletzt sehen … Insofern bringt man besser alles rechtzeitig in Sicherheit.

GIFTPFLANZEN

Blumen verschönern jede Wohnung. Und wenn Sie im Gegensatz zu mir einen grünen Daumen haben, schmücken wahrscheinlich nicht nur Sukkulenten und Kakteen Ihre Fensterbänke, Regalböden und Beistelltische. Doch das Grün frischer Pflanzen wirkt auch auf Katzen jeden Alters anziehend. Schnell wird einmal mit der Blüte gespielt oder an Gräsern geknabbert. Während das Fressen von Gras das Erbrechen von Haarballen erleichtert, sind viele Zimmer- und Gartenpflanzen jedoch alles andere als gesund für Katzen und können zahlreiche Symptome wie Bauchschmerzen und Erbrechen oder schwerwiegende Vergiftungserscheinungen hervorrufen. Giftig sind beispielsweise Narzissen, Alpenveilchen, Azalee, Maiglöckchen, Nelken, Tulpen, Weihnachtsstern, der allgegenwärtige Gummibaum und auch die Aloe, deren Mark gern als Hausmittel genutzt wird, ist für Katzen unverträglich.

TÜR UND TOR

Katzen ziehen sich gern in kuschelige Verstecke zurück. Leider betrachten sie auch die Waschmaschine oder den Trockner als bequeme Höhle und machen sich in der Wäsche breit. Achten Sie daher darauf, dass die Türen der Geräte stets verschlossen sind und prüfen Sie vor jedem Wasch- bzw. Trockengang den Inhalt. Leider wurde schon manche Katze mitgewaschen, oft mit schwer verletztem oder gar tödlichen Ende.

ZERBRECHLICHE OBJEKTE

Im Eifer des Gefechts geht schnell einmal etwas zu Bruch … Damit Tante Emmas Erbstück und die teure Vase aus Edelporzellan sicher sind, sollten Sie alle zerbrechlichen Objekte außer Reichweite des Katzenkindes schaffen – zumindest, bis die Sturm-und-Drang-Zeit vorüber ist.

HEFTZWECKEN, GESCHENKBAND UND CO.: VERSCHLUCKBARE KLEINTEILE

„Ui, das sieht ja interessant aus! Kann man damit spielen – und ist es vielleicht sogar essbar?" Die Erkundungslust Ihres Katzenkindes wird in den ersten Wochen keine Grenzen kennen. Wer auf Nummer sicher gehen will, räumt alle verschluckbaren Kleinteile wie Reißzwecken, Centstücke und auch Tabletten außer Reichweite seines Katzenkindes. Auch das Verschlucken von Wollstücken und Geschenkband kann schwere Verletzungen hervorrufen! Lassen Sie Ihr Kitten darum nur unter Aufsicht mit dem berühmt berüchtigten Wollknäuel spielen oder eliminieren Sie derartige Gefahrenquellen am besten von vornherein.

DER ERSTE GANG INS FREIE

Die neue Umgebung kann ein Schock für die Katze sein – und auch selbstbewusstere Naturen brauchen einige Tage, bis sie sich ans neue Zuhause gewöhnt haben. Warten Sie darum einige Wochen damit, das Revier Ihrer Katze um Garten oder Balkon zu erweitern.

Der Gang ins Freie wird erleichtert, wenn Ihre Katze ihren Namen kennt, auf Rufen reagiert und eine klare Bindung zu Ihnen zeigt. Damit Ihre Katze gesund bleibt, sollte sie die nötigen Impfungen sowie gegebenenfalls einen Parasitenschutz erhalten haben. Jungtiere sollten vorher kastriert werden, um ungewünschtem Nachwuchs vorzubeugen. Eine eindeutige Markierung mit Tätowierung oder Mikrochip erleichtert die Rückführung im Falle eines Notfalls. Übrigens: Im Kapitel „Zwei die sich verstehen" erhalten Sie weitere Informationen zum Freigang und alternative Möglichkeiten, Ihrer Katze ein Stück Natur zu ermöglichen!

TURBULENTE ZEITEN

Das Kätzchen zieht ein

Endlich: Ein kleiner Wirbelwind auf vier Pfoten macht die ersten Schritte in seinem neuen Zuhause – Ihrem Zuhause! Mit dem Einzug eines Katzenkindes beginnen turbulente Zeiten. Die neue Lebenssituation ist nicht nur für das Katzenkind aufregend, sondern auch für Sie. Hier bekommen Sie einige Tipps zum guten Start in ein gemeinsames Leben!

WOHNUNGSGESTALTUNG

Katzenkinder benötigen das gleiche Zubehör wie erwachsene Katzen. Ein Kratzbaum gehört genauso in den Katzenhaushalt wie die obligatorische Katzentoilette sowie Futter- und Wassernapf. Jungkatzen entdecken ihre Welt erst noch und sind dankbar für jede neue Erfahrung. Sie können sich also ganz und gar auslassen, was Katzenspielzeug angeht! Nachdem Sie alles besorgt und eingerichtet haben, dürfen Sie nun die funkelnagelneue Transportbox nehmen und ihr Kätzchen abholen.

DER RICHTIGE ZEITPUNKT

Sie haben den Einzug Ihres Stubentigers wahrscheinlich voller Ungeduld herbeigesehnt. Am liebsten würden Sie gleich Ihre katzenbegeisterten Freunde einladen ... Tun Sie Ihrer Katze jedoch den großen Gefallen, indem Sie die Willkommensparty ein wenig nach hinten verschieben. Wählen Sie einen ruhigen Zeitraum zum Einzug des Stubentigers, damit sich Ihre Katze ohne Stress und Zeitdruck für Zwei- und Vierbeiner bei Ihnen einleben kann. Die turbulenten Weihnachtsfeiertage sind denkbar schlecht, die letzten Tage vor einem geplanten Urlaub ebenso. Wenn der neue Mitbewohner schon zwei Wochen, nachdem er sein neues Zuhause in Besitz genommen hat, wieder mit Ihnen umziehen muss, ist dies genauso wenig ideal wie eine Eingewöhnungszeit, wenn Sie kurz nach einem Umzug noch aus Kisten und Koffern leben. Sie machen es sich und Ihrer Katze viel leichter, wenn Sie ein ruhiges Wochenende oder vielleicht sogar eine Urlaubswoche im eigenen Heim wählen!

BEIZEITEN LOSFAHREN

Je nach Entfernung sollten Sie so losfahren, dass Sie am frühen Nachmittag mit dem neuen Mitbewohner wieder zu Hause sind. Dann bleibt ihm noch etwas Zeit, zum Entdecken, Fressen und Spielen. Beim Züchter oder im Tierheim wird das Kätzchen in die Transportbox verfrachtet, die Sie mit einem kuscheligen Handtuch oder einer Decke ausgepolstert haben. Nachdem alle Formalitäten erledigt sind, Sie die Papiere, den Kauf- bzw. Schutzvertrag und den Heimtierausweis erhalten und den Kaufpreis bzw. die Schutzgebühr errichtet haben, kann es losgehen. Am besten stellen Sie die Transportbox auf den Rücksitz und befestigen diese mit dem Gurt, damit sie bei einem Bremsmannöver nicht ins Rutschen gerät. Auch wenn das Kätzchen maunzt und miaut, sollte es bis zur Ankunft im neuen Zuhause unbedingt in der Box bleiben. Ein im Fußraum herumturnendes Kätzchen kann böse Unfälle verursachen. Zudem wäre es tragisch, wenn ihr neues Familienmitglied an einer Raststätte ausbüxt und auf die Autobahn gerät.

SturdiProducts

[b]

DAS IST *wirklich* WICHTIG

[a] FORSCHERDRANG Nanu, wo sind wir denn hier gelandet? Einige Katzen erkunden ihr neues Revier gleich voller Neugier.

[b] AUF NUMMER SICHER Andere hingegen betrachten die neue Umgebung lieber aus dem sicheren Transportkorb heraus und warten, bis die neue Familie selig schlummert, um die ersten Schritte in ihr neues Leben zu wagen.

[a]

WILLKOMMEN ZU HAUSE

Die ersten Tage im neuen Heim

Da ist sie endlich, die Traumkatze! Ihr neuer Mitbewohner schaut neugierig aus dem Transportkorb. Vielleicht hat er während der Fahrt gemeckert und miaut, vielleicht ist er eher verängstigt und verhält sich ganz ruhig. Endlich zu Hause angekommen heißt es nun: „Willkommen im neuen Leben!"

Nicht nur die Zeit im Transportkorb, auch die Eingewöhnung im neuen Heim ist eine große Herausforderung für jede Katze. Auch selbstbewusste Charaktere, denen der Umzug gar nichts auszumachen scheint und die sofort mit betonter Gleichgültigkeit Katzentoilette und Futternapf in Besitz nehmen, müssen sich an Sie gewöhnen, bis sie ihr neues Zuhause wirklich als das anerkennen: ein Zuhause. Darum ist es wichtig, dass Sie Ihrem neuen Familienmitglied die Zeit zugestehen, die es braucht, um wirklich anzukommen. Bei einigen Katzen scheint es nur Sekundenbruchteile zu dauern, bis sie sich als neuen Bestandteil oder gar als Oberhaupt der neuen Familie ansehen. Andere brauchen Tage oder sogar Wochen.

IN RUHE ANKOMMEN

Jede Katze hat ihren eigenen Zeitplan und ihre eigene Art, mit einschneidenden Veränderungen in ihrem Leben klarzukommen. Stellen Sie die Transportbox vorerst in einen Raum, in dem sich auch eine Katzentoilette, Futter- und Wassernapf sowie ein paar Rückzugsorte befinden. Öffnen Sie die Box und warten Sie ab, was passiert. Die Katze darf selbst entscheiden, wann sie den neuen Raum erkunden möchte. Sie können sich ruhig auf den Fußboden setzen und abwarten, was passiert. Nehmen Sie sich ein Buch mit, denn je weniger Sie das Kätzchen beachten, umso eher traut es sich.

ENTDECKEN

Nachdem das Kätzchen seine Box verlassen und den Raum inspiziert hat, können Sie es hochheben und in die Toilette setzen. Wer aufgeregt ist, muss auch schon mal ...
Vielleicht sucht das Katzenkind von sich aus Ihre Nähe. Spielen Sie vorsichtig mit ihm, sprechen Sie leise oder kuscheln Sie mit ihm, je nachdem, was es mag. Ängstliche Exemplare dürfen sich noch verstecken, bis sie mutiger werden, doch das ist bei jungen, gut sozialisiertenTieren eher die Ausnahme. Erst wenn das Kätzchen sich in dem Raum sicher fühlt, können Sie das Haus oder die Wohnung nach und nach zugänglich machen. Wenn Sie sich bei der Ankunft vorerst auf ein Zimmer beschränken, ist das neue Umfeld für das Kätzchen übersichtlicher und es wird nicht gleich von zu vielen Eindrücken übermannt.

GEDULD

Ein leises Gurren, schon springt Ihre Katze auf Ihren Schoß, reibt ihr Köpfchen an Ihrer Wange und macht es sich schnurrend in Ihrem Schoß bequem. So können die ersten Tage mit Katze aussehen – müssen es aber nicht. Abhängig davon, wie sensibel Ihre Katze auf die neue Lebenssituation reagiert, welche Erfahrungen sie mit Menschen gemacht hat und wie schnell sie sich auf neue Situationen und einen neuen „Dosenöffner" in ihrem Leben einlassen kann, kann Ihr neues Familienmitglied auch die ersten Tage und Nächte unter dem Schrank oder hinter dem Sofa verbringen. Hier ist vor allem eines gefragt: Geduld! Doch keine Angst, in wenigen Tagen oder Wochen wird Ihre Katze sich vertrauensvoll an Sie kuscheln.

KATZENJAMMER

Das Kätzchen ist nun zum ersten Mal von seiner Mutter und seinen Geschwistern getrennt, der gewohnte und bekannte Züchterhaushalt liegt nun weit hinter ihm, auch die Menschen die es bisher kennengelernt hat, fehlen. Das kann bei vielen Jungkatzen einen wahren Katzenjammer hervorrufen. Eine Decke, die noch nach Mutter und Geschwisterkatzen riecht, wirkt oft Wunder, wenn das große Heimweh naht. In den ersten Tagen wird auch das gewohnte Futter dafür sorgen, dass das Katzenkind sich etwas zu Hause fühlt.
Auch wenn Sie kein Ersatz für die Katzenmutter sind, hilft es, Ihrem Katzenkind nun besonders viel Liebe zu schenken. Geben Sie ihm so viel Nähe, wie es möchte. Droht Heimweh, bevorzugen es viele Katzenkinder, eng an ihren Menschen gekuschelt zu schlafen. Das kann manchmal ganz schön eng im Bett werden, doch Sie sollten ihm diese Nähe zugestehen. Tagsüber hilft es, das Kleine abzulenken. Die Zwerge sind meistens so neugierig, dass sie sich Hals über Kopf in neue Abenteuer stürzen.

DIE KÄTZCHENSCHULE

Der Ernst des Lebens beginnt

Mit dem Einzug ins neue Zuhause beginnt für Katzenkinder der Ernst des Lebens. Die wichtige Prägungs- und Sozialisierungsphase mit Katzenmutter, Geschwistern und hoffentlich liebevollen Menschen hat ihnen das Grundwerkzeug gegeben, um zu einer geistig und körperlich gesunden Katze heranzuwachsen.

Doch auch die folgenden Monate und Jahre stellen Herausforderungen an Ihre Jungkatze – und an Sie. Nun geht es nämlich darum, dass aus Ihrem Kätzchen auch eine gut erzogene Katze wird, die weder Angst vor Fremden hat, noch Ihnen das Essen vom Teller stibitzt.

ERZIEHUNG?

Katzen kann man doch nicht erziehen? Doch, kann man – und sollte man, wenn das Zusammenleben harmonisch verlaufen soll. „Erziehung" ist ein hartes Wort, das an Verbote und Strafen denken lässt. In der Katzenerziehung können Sie aber von all diesen Dingen Abstand nehmen. Katzengemeinschaften basieren nicht auf einer absoluten Rangordnung. Bei der Erziehung geht es also nicht um Dominanz, sondern um Köpfchen und Konsequenz.

WASSERFLASCHE UND CO.

Katzen, gerade Katzenkinder, sind uns körperlich unterlegen. Egal, wie sehr es Sie frustriert, dass das Geschäft schon wieder an der falschen Stelle verrichtet wurde oder Sie entsetzt zusehen mussten, wie Ihre Lieblingsvase zu Bruch geht: Von körperlichen Strafen sollten Sie absehen. Sie könnten nicht nur Ihre Katze ernsthaft verletzen, auch haben Schmerz und Strafe keinerlei Lerneffekt. Ihr Stubentiger lernt nur eins: Sie zu fürchten.

Jahrelang wurde die Sprayflasche als ultimative Erziehungshilfe gesehen. Egal, ob die Katze auf den Tisch gesprungen war oder wieder einmal am Sofa gekratzt hat, ein Spritzer Wasser sollte es richten – ohne, dass der Mensch seine Stimme oder gar die Hand erheben musste. Leider führt die berühmte Sprayflasche nicht nur dazu, dass Katzen Angst vor uns haben, sie machen es uns auch bequem. Wieder einmal sinnlos durch die Wohnung gerannt, mit auf dem Parkett knirschenden Krallen? Ein Spritzer hier, einer da. Und vor lauter Bequemlichkeit vergessen wir gern, dass die Futterzeit, die wir selbst unserer Katze antrainiert haben, schon eine halbe Stunde vorbei ist und der kleine Tiger, der heute keinen Freigang hatte, überschüssige Energie ablassen musste. Wir vergessen, die Welt mit Katzenaugen zu sehen.

POSITIVE VERSTÄRKUNG

Viel Erfolg versprechender ist das Konzept der positiven Verstärkung: Ignorieren Sie unerwünschtes Verhalten und belohnen Sie gewünschtes. Ihr Kater hat es sich vielleicht zur Angewohnheit gemacht, zehn Minuten vor der morgendlichen Futterzeit vor Ihrer Schlafzimmertür zu miauen. Auch wenn es hart für Sie ist: Bleiben Sie still liegen und ignorieren Sie ihn. Egal, was Sie machen, ob Sie die Schlafzimmertür öffnen, ihn verjagen, ihn kurz streicheln, sich ins Wohnzimmer setzen und die Tür schließen oder ihn gar zum Kuscheln ins Bett lassen: Mit all diesen Aktionen belohnen Sie sein Verhalten unbewusst. Ihre Katze sitzt bei Nahen der Futterzeit geduldig vor dem Napf, ohne zu betteln? Super – nun gibt es auch die gewünschte Mahlzeit!

[a]

DAS IST *wirklich* WICHTIG

[a] DARF ICH ODER DARF ICH NICHT? Süß und kuschelig, mit großen Augen und unschuldigem Ausdruck: Wer kann einem Katzenkind schon böse sein? Doch schon junge Katzen müssen lernen, was sie dürfen und was nicht. Erziehung muss nicht in ein Kräftemessen ausarten, positive Verstärkung und liebevolle Ermahnungen wirken oft Wunder.

[b] FREECLIMBER Wer früh anfängt, konsequent Grenzen zu ziehen, bleibt von späteren Machtproben verschont. Bei kleinen Kätzchen mag Beinehochklettern noch lustig sein, wenn eine ausgewachsene Katze ihre Steigeisen in Ihren Oberschenkel krallt, hört der Spaß auf. Pflücken Sie das Katzenkind lieber beizeiten ab und bieten Sie ihm Alternativen an.

[b]

[a]

DAS IST *wirklich* WICHTIG

[a] RUNTER VOM TISCH! Egal, wie lecker es aussieht und wie gut es riecht: Ist Menschenessen von Anfang an tabu, gewöhnt sich die Katze erst gar nicht an, am Tisch zu betteln.

[b] VERFÜHRERISCH! Auch wenn Milch und Salami verführerisch duften, muss der kleine Wirbelwind lernen, dass Menschenessen für Menschen ist und er nichts auf dem Tisch verloren hat. Daher Kätzchen vom Tisch heben, auf den Boden setzen und und in aller Ruhe weiteressen.

[b]

ETWAS ERZIEHUNG

Katzen sind keine Menschen

Konsequenz ist alles. Das hört sich einfach an. Tatsächlich gibt es aber in der Katzenerziehung jede Menge Fettnäpfchen, in die wir ungewollt hineintreten. Manchmal senden wir der Katze unbewusst Signale, die sie in ihrem Tun bestätigen, auch wenn wir dieses Verhalten eigentlich verhindern wollen.

UNGEWOLLTE SIGNALE

Manchmal senden unsere Erziehungsversuche Signale aus, die nicht beabsichtigt waren. Nehmen Sie darum Ihr eigenes Verhalten unter die Lupe und betrachten Sie die Welt aus Katzenaugen!

Ein berühmtes Beispiel: Ihre Katze bettelt wieder einmal, während Sie und Ihre Familie beim Abendessen sitzen. Sie füttern Ihre Katze löblicherweise nicht vom Tisch – also stehen Sie auf und geben ihr ein paar Brocken Trockenfutter, vielleicht sogar in ihren Futterball, damit sie ruhig ist. Mit ihrem Betteln hat die Katze nun genau das erreicht, was sie wollte: Sie kann sich nicht nur über Ihre Aufmerksamkeit, sondern auch ein paar leckere Happen freuen.

Oder Ihre Katze springt wieder einmal auf den Tisch, obwohl sie Ihrer Meinung nach genau wissen müsste, dass dieser Platz für sie tabu ist. Sie nehmen sie gleich herunter, halten sie vielleicht kurz im Arm und setzen sie mit einem Kuss auf den Kopf auf den Boden. Ihre Katze hat dabei eines erreicht: Aufmerksamkeit! Wenn sie beim nächsten Mal beachtet werden will, muss sie nur wieder auf den Tisch klettern, und schon wird sie auf den Arm genommen. Aus ihrer Sicht ist der Tisch ein tolles Mittel zum Zweck.

GRUNDBEDÜRFNISSE

Wichtig bei allen Erziehungsversuchen ist, dass die Grundbedürfnisse Ihrer Katze befriedigt werden. Eine Katze muss eine saubere Katzentoilette an einem ruhigen Ort vorfinden können, um nicht unsauber zu werden. Ein Kratzbaum bietet die Möglichkeit, Kratz- und Duftmarkierungen an einem geeigneten Ort zu hinterlassen. Und ein ruhiger Rückzugsort ist ein Muss, damit die Katze ruhen kann und sich sicher fühlt. Das gilt besonders dann, wenn auch andere Tiere oder Kinder im Haushalt leben. Auch der Futterplatz sollte sich an einem ruhigen Ort befinden, an dem sich die Katze nicht bedroht fühlt. Regelmäßiges Spielen oder Freigang bieten die Möglichkeit, überschüssige Energie abzubauen – besonders wichtig für junge Katzen!

Niemand kann von einem energiegeladenen Katzenkind erwarten, sich gesittet zu benehmen – genauso wenig, wie man einer hungrigen Fellnase das Betteln am Tisch verübeln kann. Ein Sofatiger, dem keine artgerechten Kratzmöglichkeiten zur Verfügung stehen, wird seine Kratzmarkierungen an Ledersofa und Holzmöbeln anbringen. Schließlich ist Kratzen ein elementares Bedürfnis jeder Katze – es dient nicht nur zur Krallenpflege, sondern auch zum Markieren des eigenen Reviers. Sind aber alle Grundbedürfnisse Ihrer Katze befriedigt und sind Sie zudem noch ruhig, konsequent und konstruktiv in Ihrer Erziehung, steht dem Heranwachsen zu einer wohlerzogenen, gesunden Katze nichts mehr im Weg.

GRUNDSCHULE

Was Kätzchen lernen sollte

Für Jungkatzen ist es besonders wichtig, positiv dem Menschen gegenüberzustehen. Idealerweise hat das Katzenkind schon in den ersten Lebenswochen positive Erfahrungen machen können. Falls nicht, sind nun Sie gefragt. Seien Sie behutsam, schreien und schimpfen Sie nicht und nehmen Sie sich Zeit für Kuscheleinheiten.

NENN' MICH BEIM NAMEN!

Haben Sie keine Angst davor, mit Ihrer Katze zu reden. Ausgedehnte Gespräche beim Spielen und Schmusen machen sie nicht nur mit Ihrer Stimme vertraut, sondern auch mit ihrem Namen. Egal, ob Minka, Felix oder Mauzi: Unsere Katze kennt ihren Namen sehr wohl. Ob er ihr gefällt und sie auf ihn hören möchte, ist eine andere Sache. Haben Sie mehrere Namen zur Auswahl und können sich nicht entscheiden, ob der neue Mitbewohner Shiela oder Kira heißen soll, können Sie Ihre zukünftige Katze sogar um Rat fragen! Beobachten Sie die Reaktionen auf den jeweiligen Namen ganz genau.

KATZENKLO, KATZENKLO ...

Idealerweise hat das Katzenkind schon in der Wurfgemeinschaft gelernt, stubenrein zu sein. Falls nicht, sind die ersten Tage im neuen Heim oft eine etwas „stinkige" Angelegenheit. Glücklicherweise sind Katzen von Natur aus reinliche Tiere und verscharren ihre Hinterlassenschaften auch in freier Natur, um nicht größere Jäger auf sich aufmerksam zu machen. Steht ihnen ein großes Katzenklo, ruhig gelegen und mit genügend Streu, zur Verfügung, benutzen sie dieses meistens ganz von allein. Etwas Starthilfe können Sie leisten, wenn Sie Ihr Katzenkind beim Verlieren des ersten Tropfens in die Katzentoilette setzen und ihm vielleicht sogar zeigen, wie schön sich in der Streu herumscharren lässt. Sollte der Groschen noch nicht fallen, kann es auch hilfreich sein, „heruntergefallene" Hinterlassenschaften offensichtlich in der Katzentoilette zu platzieren. Was bei stubenreinen erwachsenen Katzen absolut tabu ist („Ein dreckiges Katzenklo? Das benutze ich nicht!") kann Jungkatzen helfen, den Sinn dieser Box mit Einstreu zu begreifen. Besonders wichtig: Das Katzenkind möchte Sie nicht ärgern, wenn es sein Geschäft an einer unerwünschten Stelle hinterlässt. Bestrafen Sie es nicht – alte Weisheiten wie das Hineintunken der Nase in Urin sorgen für Unsicherheit und erreichen das Gegenteil von dem, was Sie bezwecken möchten.

SANFTES SPIELEN

Beim Spiel zeigen Katzenkinder Lebensfreude und all ihre Energie in voller Stärke. Manchmal geht es dabei etwas grob zu und nicht selten werden ausgelassene Spieleinheiten von kleineren Kratzern begleitet. Keine Sorge: Das ist völlig normal und kein Zeichen, dass Ihr Kätzchen in irgendeiner Hinsicht aggressiv oder respektlos ist. Es ist aber wichtig, dass es bald lernt, sich und seine Krallen und Zähne zu beherrschen. Sanftes Spielen fängt damit an, dass Sie Ihre junge Katze nie mit Ihren Fingern, Händen oder Füßen spielen lassen sollten. Nutzen Sie lieber die wundervollen Spielzeuge, die Sie schon vor Einzug des Katzenkindes besorgt haben. Probieren Sie alles aus: Spielangel, Fellmaus und Ball – so kommt keine Langeweile auf und das Interesse, menschliche Finger mit der Kralle zu erhaschen, vergeht schnell! Sollte es doch zu Übergriffen kommen, hilft nur eins: Still halten und sofort das Spiel abbrechen. So lernt Ihre Katze, dass Beißen und Kratzen das garantierte Ende des Spiels bedeutet. Beobachten Sie Ihre Katze genau, dann werden Sie vielleicht feststellen, welche Bewegungen zu tätlichen Übergriffen führen.

BETTELN VERBOTEN!

Menschenessen sollte für Katzen tabu sein. Immer! Der wohlgemeinte Happen vom Sonntagsbraten verführt Katzen jeden Alters dazu, am Tisch zu betteln – und schlechte Manieren sind nur mit sehr viel Arbeit abzugewöhnen. Seien Sie konsequent und behalten Sie Ihr Essen für sich. Sie tun so auch Ihrer Katze einen Gefallen, denn Mahlzeiten, die uns schmecken, sind nur selten gesund für die kleinen Jäger.

KONSEQUENZ

Katzen lernen schnell, leider gilt dies auch für ungeliebte Verhaltensweisen. Sie machen sich und Ihrer Katze das Leben leichter, wenn Sie konsequent sind. Dabei sollten auch alle Familienmitglieder an einem Strang ziehen. Verhalten, das Sie verbieten, sollte Ihr Partner nicht erlauben!

[a]

[b]

[c]

DAS IST *wirklich* WICHTIG

[a] KLARE SPIELREGELN Kleine Jäger wollen jagen! Gerade beim Spiel mit dem Menschen sollten aber Grenzen gezogen werden, um vor Verletzungen zu schützen. Daher ist Spielzeug erlaubt, Finger sind tabu.

[b] DAMPF ABLASSEN Schließlich soll das gemeinsame Spiel nicht nur zum Energieabbau dienen, sondern Katze und Mensch Spaß machen. Das wird durch Spielregeln gewährleistet.

[c] EINEN RAHMEN GEBEN Auch, wenn es Ihnen am Anfang schwer fällt, Grenzen zu ziehen: Ihre Katze wird Sie nicht weniger lieben, nur weil Sie ihr Betteln am Tisch ignorieren. Ganz im Gegenteil: Erziehung macht das Zusammenleben für beide Seiten einfacher! Und gemeinsames Kuscheln und Spielen macht ohne Kratzverletzungen doppelt so viel Spaß!

DAS IST *wirklich* WICHTIG

[a] PLÖTZLICH ANGST? Ihr Kätzchen verschwindet auf einmal im Kleiderschrank oder flüchtet aufs Bücherregal? Ergründen Sie die Ursachen, überlegen Sie, was dazu geführt haben könnte, um die Angstquelle beheben zu können.

[b] GEBEN SIE IHR ZEIT Bedrängen oder trösten Sie das Kätzchen nicht. Am besten ist es, wenn Sie Ihren täglichen Routinen nachgehen. Das Kätzchen wird alles aus seinem Versteck heraus beobachten und, wenn es sich sicher fühlt, von selbst herauskommen.

[a]

[b]

PROBLEME LÖSEN

Kaputte Vasen und zerkratzte Tapeten

Manchmal helfen leider die besten Vorsätze genauso wenig wie tatkräftig umgesetzte Erziehungsratschläge ... Wer ein Katzenkind großzieht, hat manchmal auch mit Rückschlägen zu kämpfen. Doch keine Angst, es gibt immer eine Lösung!

BALD GEHT ES WIEDER BERGAUF!

Wenn Ihnen Ihre Katze im wahrsten Sinne des Wortes auf dem Kopf herumtanzt, das Lieblingsfutter plötzlich eklig ist und das Sofa zum Krallenschärfen missbraucht wird, möchten Sie vielleicht am liebsten alles hinwerfen. Vielleicht fragen Sie sich, warum Sie sich für ein quirliges Katzenkind entschieden haben und nicht die ruhige ältere Katzendame, die Sie mit wissenden Augen angeschaut hat, aus dem Tierheim mitgenommen haben. Oder vielleicht wäre der kleine Kater, der ruhig im Nestchen schlief anstatt wie Ihr Kätzchen durch den gesamten Züchterhaushalt zu toben, eine bessere Wahl gewesen? Verzagen Sie bitte nicht. Leider gehören kleine Rückschläge zum Leben. Genau wie wir mal einen schlechten Tag haben, sind auch Katzenkinder schlecht gelaunt, gereizt oder haben unter dem Druck ihrer Hormone zu leiden.

Nur, weil mal etwas schief geht, sind Sie kein schlechter Katzenhalter. Ganz im Gegenteil: Kleine Herausforderungen werden Sie und Ihre Katze noch mehr zusammenschweißen, mit jeder Erfahrung und jedem gemeisterten Problem werden Sie ein Stück weit zusammenwachsen.

DIE WELT AUS KATZENSICHT

Vielleicht kommt Ihnen das Verhalten Ihrer Katze gerade völlig unverständlich vor. Vielleicht versteht Ihr Stubentiger Sie genauso wenig wie Sie ihn ... Wie auch im menschlichen Zusammenleben sind viele Probleme oft auf Missverständnisse zurückzuführen. Nehmen Sie sich eine kleine Auszeit und schließen Sie für fünf Minuten die Augen, um Ihre Umwelt und das Problem aus Sicht Ihrer Katze zu betrachten.

DIE VERRÜCKTEN FÜNF MINUTEN

Nachts, halb eins in Deutschland: Die Katze rennt durchs Wohnzimmer, reißt die Bodenlampe um, krallt sich in den Gummibaum, rast den Kratzbaum hoch, springt aufs Fensterbrett – und eine weitere Blumenvase geht zu Bruch ... Was sich wie ein Bestandteil einer Comedyserie anhört, ist Alltag für viele Katzenfreunde. Gerade Jungkatzen lassen ihre überschüssige Energie gerne ohne Rücksicht auf Verluste hinaus.

Die schlechte Nachricht: Sie werden Ihre Katze nicht davon überzeugen können, die nächtlichen Fitnesseskapaden einzuschränken. Die gute Nachricht ist, dass das Verhalten Ihres Stubentigers völlig normal ist – gerade dann, wenn es sich um eine Jungkatze handelt! Und in gesittete Bahnen lenken lässt es sich auch. Versuchen Sie, Ihre Katze mit ausgedehnten Spieleinheiten auszulasten. Kurz vor dem Schlafengehen kann sich der Vierbeiner hier noch einmal richtig auspowern. Mit sogenannten Intelligenzspielzeugen, mit denen Ihre Katze auch ohne menschliches Beisein spielen kann, können Sie Stubentiger auch während des Tages beschäftigen. Auch ein Artgenosse kann dafür sorgen, dass überschüssige Energie in Sozialspiel umgelenkt wird.

HILFE, MENSCH!

Der Umzug in ein neues Zuhause ist eine große Umstellung für jede Katze. Für Jungkatzen, die nur die behütete Wurfkiste mit Mutter und Geschwistern kennen, kann diese Erfahrung etwas traumatisch sein. Auch gut sozialisierte und an den Menschen gewöhnte Katzen können in den ersten Tagen scheu reagieren und sich vornehmlich unter dem Sofa verstecken, anstatt die neue Umgebung zu erkunden. Machen Sie sich darum keine Gedanken, wenn Ihr Katzenkind sich in den ersten Tagen rar macht. Doch auch später kann es zu Rückschlägen kommen. Die gestern noch verspielte Katze ist plötzlich zurückhaltend oder weicht vor bestimmten Familienmitgliedern zurück – was ist passiert? Meistens hat sich in solch einem Fall aus Katzensicht etwas geändert. Vielleicht ist es gerade besonders turbulent in Ihrem Haus, ein Besuch steht an oder ein Familienmitglied ist aus dem Urlaub zurückgekehrt oder aufgrund von Stress im Beruf nur selten zu Hause. Überlegen Sie, was sich geändert haben könnte.

Wandel gehört zum Leben und nicht alle Veränderungen lassen sich rückgängig machen. Im Notfall können Sie mit Ihrem Tierarzt über sogenannte Pheromonsprays reden oder sich in Sachen Bachblüten beraten lassen. Derartige Mittel wirken aber nur unterstützend – wichtig ist, dass Sie Ihrer Katze Zeit geben, sich an die neue Situation zu gewöhnen und versuchen, sie nicht zu bedrängen.

UNGEWOLLTE SPUREN

Kratzen und Markieren

Egal, was passiert: Für jedes Problem gibt es eine Lösung. Manchmal muss man aber ein wenig in die Trickkiste greifen, wenn das Verhältnis zwischen Katze und Mensch etwas aus der Bahn geraten ist.

KRATZEN AN RICHTIGER STELLE

Katzen müssen kratzen – weniger, um ihre Krallen zu pflegen oder zu schärfen, sondern vielmehr, um ihr Revier zu markieren. Kratzen hinterlässt nicht nur Krallen-, sondern auch Duftspuren, mit denen Ihre Katze eine Art individuelle Visitenkarte hinterlässt: Hier lebe ich, hier fühle ich mich wohl. Einmal erfolgte Duft- und Kratzmarkierungen müssen natürlich immer wieder erneuert werden. Ein Teufelskreis beginnt. Katzenkinder sind im Zweifelsfall unsicher, welche Kratzmöglichkeiten tabu sind und an welchen sie sich austoben können. Gut zu wissen: Die meisten Katzen ziehen die raue Sisaloberfläche handelsüblicher Kratzbäume und -bretter glattem, rutschigem Leder einer Designer-Couch vor. Wird doch auf eher unbequeme Alternativen ausgewichen, ist dies meistens auf fehlende oder unzureichende Kratzmöglichkeiten im Katzenhaushalt zurückzuführen. Bieten Sie Ihrer Katze genügend artgerechte Kratzmöglichkeiten in Form von Kratzbäumen oder -brettern? Sind diese immer erreichbar und an einer ruhigen Stelle gelegen? Viele Katzen bevorzugen vertikale Kratzmöglichkeiten, es gibt aber auch solche, die gern horizontal kratzen. Idealerweise ermöglichen Sie Ihrer Katze beides. Ignoriert Ihre Katze die Kratzbäume und -bretter, die Sie ihr anbieten, tatsächlich, sind Konsequenz und ein Griff in die Trickkiste gefragt. Ein scharfes „Nein!", sobald Sie Ihre Katze auf frischer Tat ertappen, hilft in der Regel. Reicht dies nicht, kann Katzenminze in getrockneter Form oder als Spray helfen, das Verhalten auf den Kratzbaum umzulenken. Katzenminze ist im gut sortierten Zoofachhandel erhältlich. Dort können Sie in der Regel auch große Bögen an doppelseitigem Klebeband erwerben, die Sie an bereits erfolgten Kratzmarkierungen anbringen können – natürlich nur temporär. Das klebrige Gefühl und leichte Ziehen an den Pfotenhaaren wirkt auf die meisten Katzen abschreckend, sodass sie lieber doch den leicht zugänglichen Kratzbaum in Anspruch nehmen, an dem Sie voller Freude herumklettern und kratzen können, ohne behelligt zu werden.

HARNMARKIEREN

Das stinkt im wahrsten Sinne des Wortes zum Himmel: Harnmarkieren ist eine Angewohnheit, die vor allem bei jungen, unkastrierten Katern auftritt. Im Gegensatz zur Unsauberkeit, bei der Ihre Katze nicht rechtzeitig die Katzentoilette erreicht, wird der Urin hier mit hoch erhobenem, zitterndem Schwanz versprüht, meistens vertikal an Türrahmen, Sofaecken und weiteren strategisch günstigen Stellen. Ziel: Das eigene Revier abzustecken. Mögliches Harnmarkieren ist nur eines von vielen guten Argumenten für eine frühe Kastration! Kann der Tierarzt keine Erkrankung feststellen und ist Ihre Katze kastriert, kann Unsicherheit eine Ursache für Harnmarkieren sein. Nehmen Sie Ihren Haushalt genau unter die Lupe und versuchen Sie, mögliche Gründe herauszufinden: Vielleicht sorgt ein neues zwei- oder vierbeiniges Familienmitglied für Unsicherheit? Gibt es Probleme innerhalb der Katzengruppe, durch die sich eine Katze gezwungen sieht, ihr Revier abzustecken? Hier liegt in der Regel der Schlüssel Ihrer Probleme! Natürlich möchten Sie diese Markierungen gleich entfernen! Benutzen Sie ein geruchsneutrales Putzmittel, denn viele Reiniger enthalten Ammoniak und laden dadurch zum erneuten „Drübermarkieren" ein.

MIT HERZ UND VERSTAND

Die oben genannten Beispiele sind nur ein paar Extreme, die stellvertretend für alle anderen Probleme stehen, die bei der Aufzucht eines Katzenkindes auftauchen können. Egal, vor welcher Herausforderung Sie gerade stehen, bald geht es wieder bergauf! Ihre Geduld wird mit einer zutraulichen, gesunden und menschenbezogenen Katze belohnt werden, die Ihnen für viele Jahre ein guter Partner, Freund und ein treues Familienmitglied sein wird.

DAS IST *wirklich* WICHTIG

[a] LASS DAS! Katzen müssen kratzen. In diesem Fall handelt es sich aber nicht um Fremdkratzen an Möbelstücken, sondern um einen schmerzhaften Übergriff aus Übermut. Hier sind wohl einige Spieleinheiten nötig!

[b] AB ZUM KRATZBAUM Hinterlässt die Katze Ihre Kratzmarkierungen an ungewünschter Stelle, beginnt ein Teufelskreis. Einmal erfolgte Kratzspuren wollen schließlich regelmäßig erneuert werden! Manchmal ist hier ein Griff in die Trickkiste gefragt.

DAS IST *wirklich* WICHTIG

[a] DURSTLÖSCHER Auch das sollte immer bereitstehen: Frisches Wasser. Manche Katzen bevorzugen Zimmerbrunnen, Wasser aus der Gießkanne oder aus dem Wasserhahn.

[b] RIESEN APPETIT Katzenkinder in der Wachstumsphase haben etwa den dreifachen Energiebedarf von erwachsenen Tieren und benötigen mehr Vitamine und Mineralstoffe. In der freien Natur gibt es keine speziellen Mäuse für Katzenkinder – stattdessen decken die Jungtiere ihren Bedarf mit einer höheren Futteraufnahme.

DAS RICHTIGE FUTTER *für Katzenkinder*

Katzenkinder entwickeln sich rasant und wachsen schnell: Von einer neugeborenen Handvoll Katze mit etwa 100 Gramm wachsen sie innerhalb weniger Monate zu ausgewachsenen Stubentigern heran, die je nach Geschlecht und Rasse auch einmal gute acht Kilogramm auf die Waage bringen können. Die richtige Ernährung ist das A und O, damit die Tiger im Miniformat zu gesunden Katzen heranwachsen können!

VON DER MILCH ZUR FESTEN NAHRUNG

Bis zur fünften Lebenswoche erhalten Katzenkinder ausschließlich Muttermilch, danach werden sie von ihrer Mutter an feste Nahrung gewöhnt. In der freien Natur besteht diese vor allem aus Kleinsäugern wie Mäusen oder Vögeln. Spezielle Beutetiere für Jungkatzen gibt es nicht. Schließlich benötigen Jungkatzen genau die Nährstoffe, die auch erwachsene Tiere brauchen. Doch ihr Energiebedarf ist in den ersten sechs Lebensmonaten extrem. Kein Wunder: Wer wächst und voller Tatendrang die Welt entdeckt, verbrennt eine Menge Kalorien!

FUTTER FÜR KATZENKINDER

Damit kleine Tiger groß werden können, muss ihr Futter höchsten Ansprüchen genügen. Der Tierfutterhandel hält mittlerweile spezielle Futtersorten für Katzenkinder bereit, die mit einem angepassten Protein- und Energiegehalt und einem abgestimmten Verhältnis von Mineralstoffen und Vitaminen werben. Und wer möchte nicht, dass seine Katze mit allem versorgt wird, was sie für den jeweiligen Lebensabschnitt benötigt? Doch nicht jedes Futter „für Katzenkinder" punktet neben Kroketten in „Kittengröße" tatsächlich mit hochwertigen Inhaltsstoffen.

WAS JUNGKATZEN BRAUCHEN

Die Heranwachsenden haben den fast dreifachen Kalorienbedarf und benötigen erhöhte Mengen an Mineralien und Vitaminen. Das decken sie mit einer höheren Futteraufnahme ab. Hochwertige Proteine liefern den nötigen „Zündstoff" zum Wachstum, erkennbar an dem hohen Fleischanteil der Nahrung und wenigen Nebenerzeugnissen sowie pflanzlichen Inhaltsstoffen. Viele hochwertige Futtersorten für alle Altersgruppen sind darum gut geeignet, um auch Katzenkinder zu ernähren. Mit einem hohen Fleisch- und Proteinanteil, wenig pflanzlichen Bestandteilen und oft ohne jegliches Getreide sind die Dosen zwar teurer als ihre Konkurrenzprodukte aus dem Supermarkt. Gerade Katzenkinder benötigen von derart hochwertigen Futtermitteln aber oft viel weniger, um satt zu werden, außerdem ist es eine Investition in die Gesundheit Ihrer Katze. Da die meisten Nassfuttersorten püriert oder anderweitig zerkleinert sind, haben auch kleine Mäuler keine Probleme bei der Futteraufnahme. Anders sieht es bei Trockenfutter aus: Achten Sie hier auf möglichst kleine Kroketten, die auch von Jungkatzen ohne Probleme gefressen werden können. Im nächsten Kapitel finden Sie weitere Informationen darüber, wie Sie die richtige Futtersorte für Ihre Katze finden.

DIE FUTTERMENGE

Ihr Katzenkind ist immer hungrig? Keine Sorge: Bis zu einem Alter von etwa einem Jahr wachsen die kleinen Zwerge rasant und können große Futtermengen aufnehmen, ohne gleich übergewichtig zu werden. Bieten Sie Ihrer Jungkatze darum so viel Futter an, wie sie möchte. Ist die Hauptwachstumsphase abgeschlossen, wird sie von allein weniger hungrig sein.

Trotz ihres großen Appetits haben Kitten eine relativ geringe Verdauungskapazität. Damit sich Ihr Kleines nicht überfrisst, bieten sich kleinere Portionen mehrmals am Tag an. Nassfutter weist eine geringere Energiedichte auf als Trockenfutter und ist durch seinen erhöhten Feuchtigkeitsgehalt zudem schonender für den Organismus des Wüstentiers Katze. Reichen Sie Trockenfutter darum lieber nur als Leckerchen und nicht als ganztägig verfügbaren Snack!

ABWECHSLUNG

Erweitern Sie den Geschmackshorizont Ihrer Jungkatze von Anfang an und bieten Sie ihr verschiedene Futtersorten unterschiedlicher Marken an! Manchmal ist etwas Geduld gefragt, bis die Katze das neue Futter akzeptiert. Beginnen Sie langsam, mischen sie wenige Teelöffel der neuen Sorte unter und erhöhen Sie den Anteil von Tag zu Tag.

TIERARZTBESUCH

Für gesunde Katzenkinder

Egal, ob Ihre Katze schon beim Züchter die notwendige Gesundheitsvorsorge erhalten hat oder Sie ein Streunerkind vom Bauernhof aufpäppeln: Irgendwann steht der erste Tierarztbesuch an. Doch auch vorher lohnt es sich, sich Gedanken über die Gesundheit der kleinen Stubentiger zu machen!

DER GESUNDHEITSCHECK

Auch, wenn Ihre Jungkatze rundum fit und gesund zu sein scheint, schadet es nicht, sie dem Tierarzt vorzustellen. So können nicht nur Sie feststellen, ob der vielleicht hoch gelobte Tierdoktor auch wirklich Ihren Ansprüchen genügt und Sie ihm im Ernstfall bei der Behandlung Ihres Vierbeiners vertrauen können. Auch Ihre Katze kann ein wenig Praxisluft schnuppern, ohne diese gleich mit Schmerz, Stress und Nadeln in Verbindung zu bringen. Auch für den Tierarzt ist dies eine gute Gelegenheit, Sie und Ihren Vierbeiner kennenzulernen! Ein allgemeiner Gesundheitscheck bei einem derartigen Kurzbesuch gibt Ihnen die Sicherheit, dass Ihre Katze wirklich so gesund ist, wie sie scheint. In der Regel wird hier auch das weitere Vorgehen besprochen: Soll die Katze kastriert werden? Wird sie Freilauf genießen? Welche Impfungen sind nötig, welche zu empfehlen, welche überflüssig? Wie sieht es mit Parasitenprophylaxe aus?

KASTRATION

Haben Sie Ihr Katzenkind vom Tierschutz erhalten, werden Sie gegebenenfalls einen Schutzvertrag mit Pflicht zur Kastration unterschrieben haben. Falls nicht, liegt die Entscheidung nun bei Ihnen: Möchten Sie eines Tages einen Wurf junger Katzen großziehen – oder sind Sie der Meinung, dass es schon genug herrenlose Tiere gibt? Die Diskussion rund um die Kastration scheint vor allem eine emotionale Angelegenheit zu sein. Halten Sie sich eines vor Augen: Katzen sind im Gegensatz zu Hunden schwer zu kontrollieren und gerade Freigängerkatzen kommen regelmäßig mit nicht kastrierten Artgenossen in Kontakt. Eine unkontrollierte Vermehrung wäre die Folge. Doch es geht nicht nur um die Vermehrung: Mit Eintritt der Geschlechtsreife (4. bis 12. Monat) werden Katzen mehrmals im Jahr rollig, sprich paarungsbereit. Sie rollen über den Boden, maunzen und miauen und sehnen sich nach einem Kater. Potente Kater hingegen markieren ihr Revier mit Harn, wobei das Revier durchaus Ihr Wohnzimmer sein kann. Kater mit Freilauf gehen weite Wege, um rollige Katzen zu finden, womit sich die Gefahr, überfahren zu werden, erhöht. Zudem kommt es bei Katern zu Revierkämpfen und auch bei Katzen zu Dominanzverhalten, was die Struktur in einem Mehrkatzenhaushalt ganz schön durcheinanderbringen kann.

Bei der Kastration werden die Keimdrüsen operativ entfernt, sprich beim Kater werden die Hoden entfernt, bei der Katze die Eileiter, manchmal auch die Gebärmutter. Der kleine Eingriff wird mittlerweile schon vor der Geschlechtsreife durchgeführt. Durch diese sogenannte „Frühkastration" (8. bis 12. Woche) wird nicht nur die Fortpflanzung sicher und zuverlässig vermieden, sie verläuft in der Regel auch sehr viel unkomplizierter als bei älteren Tieren. Allerdings ist der Eingriff auch zu einem späteren Zeitpunkt möglich. Übrigens: Studien zufolge hat eine Frühkastration keinerlei Auswirkungen auf den berühmten „Katerkopf" bei männlichen Katzen. Frühkastrierte Kater zeigen sich aber weniger aggressiv. Und auch Harnmarkieren kommt bei rechtzeitig kastrierten Tieren seltener vor.

KENNZEICHNUNG

Bei der Kastration wird Ihre Katze in der Regel auch mit einem Mikrochip oder einer Tätowierung gekennzeichnet. Registrieren Sie diese Markierungen bei einem Haustierregister, wie zum Beispiel TASSO, kann Ihre Katze im Notfall zu Ihnen zurückgeführt werden, wenn sie weggelaufen ist. Die mit medizinischem Glas versehenen Mikrochips werden mithilfe einer Kanüle schmerzfrei unter die Haut, oft am Schulterblatt, injiziert. Eine Ohrtätowierung ist zwar auch für Fremde offensichtlich, allerdings ist sie sehr viel schmerzhafter und verwischt oft mit den Jahren. Egal, für welche Kennzeichnung Sie sich entscheiden: Beide Möglichkeiten sind sehr viel sicherer als die Benutzung eines Halsbandes! Dieses kann nicht nur verloren gehen, sondern bietet auch ein hohes Verletzungsrisiko, sollte die Katze einmal im Haus oder im Freien hängen bleiben.

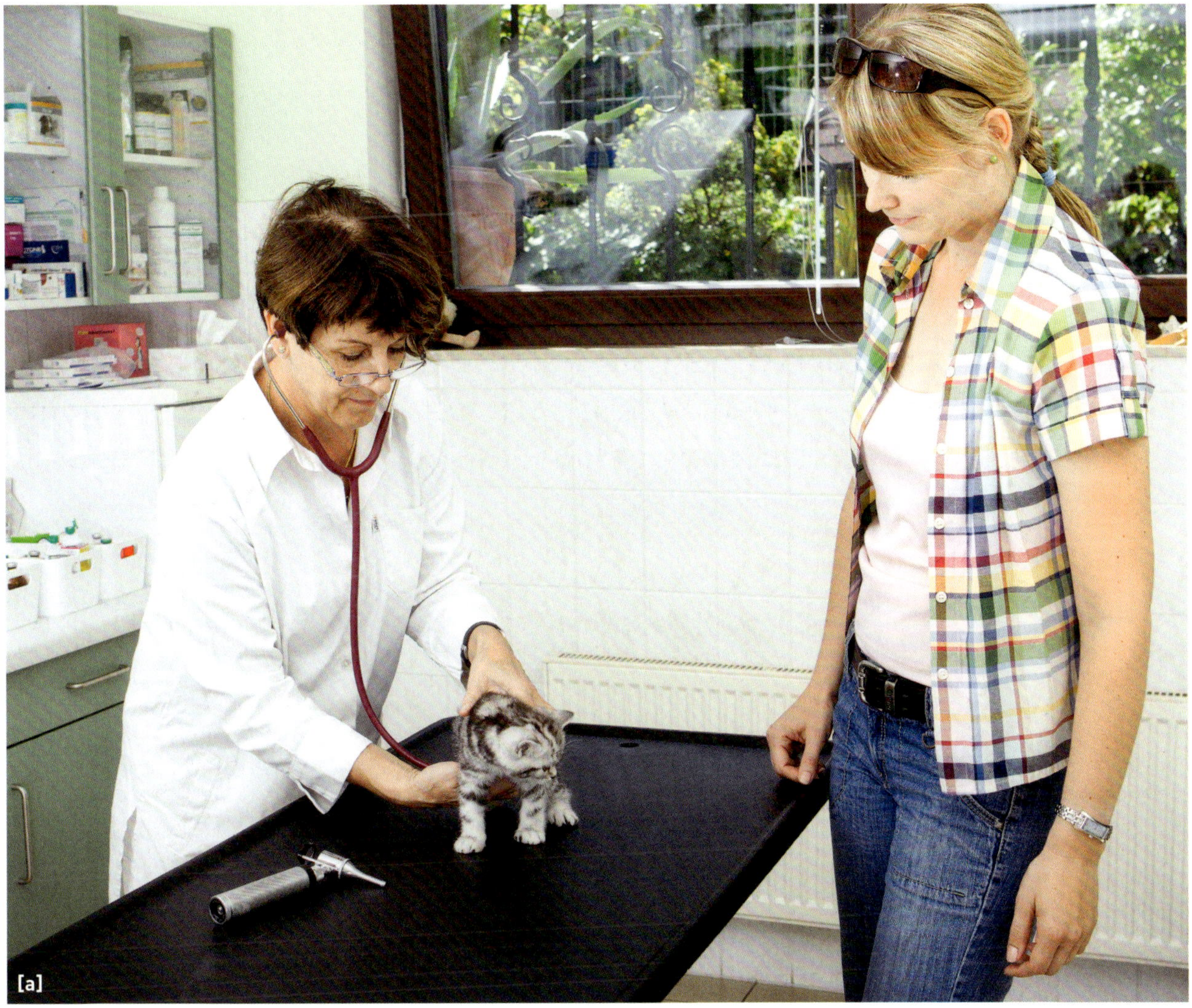
[a]

DAS IST *wirklich* WICHTIG

[a] GANZ SCHÖN AUFREGEND! So viele blinkende Geräte, so viele fremde Gerüche! Für junge Katzen ist der Tierarztbesuch oft recht faszinierend.

[b] ABGEHÖRT Je früher Sie Ihre Katzen an Routineuntersuchungen gewöhnen, desto weniger Probleme wird es später geben.

[c] NICHT SO SCHLIMM Ins Mäulchen und die Ohren lässt sich keine Katze gerne schauen. Doch Vorsorgeuntersuchungen bewahren Sie vor bösen Überraschungen!

[d] FLOHKAMM Auch regelmäßige Impfungen und Ungeziefervorsorge gehören dazu – natürlich in Absprache mit dem Tierarzt.

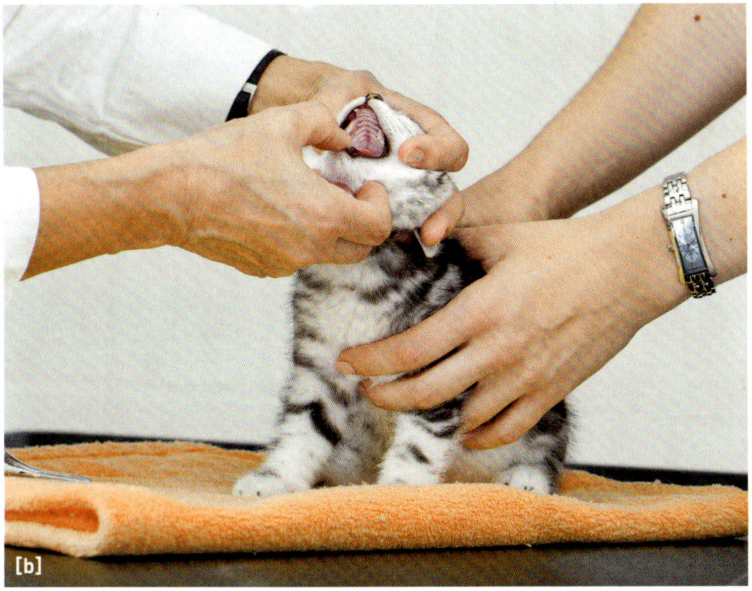
[b]

[c]

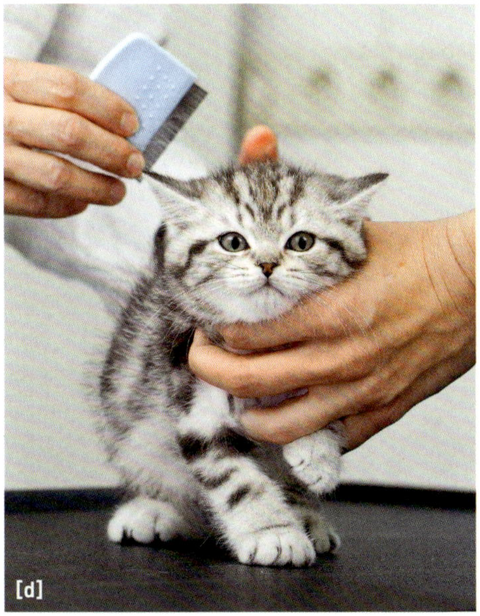
[d]

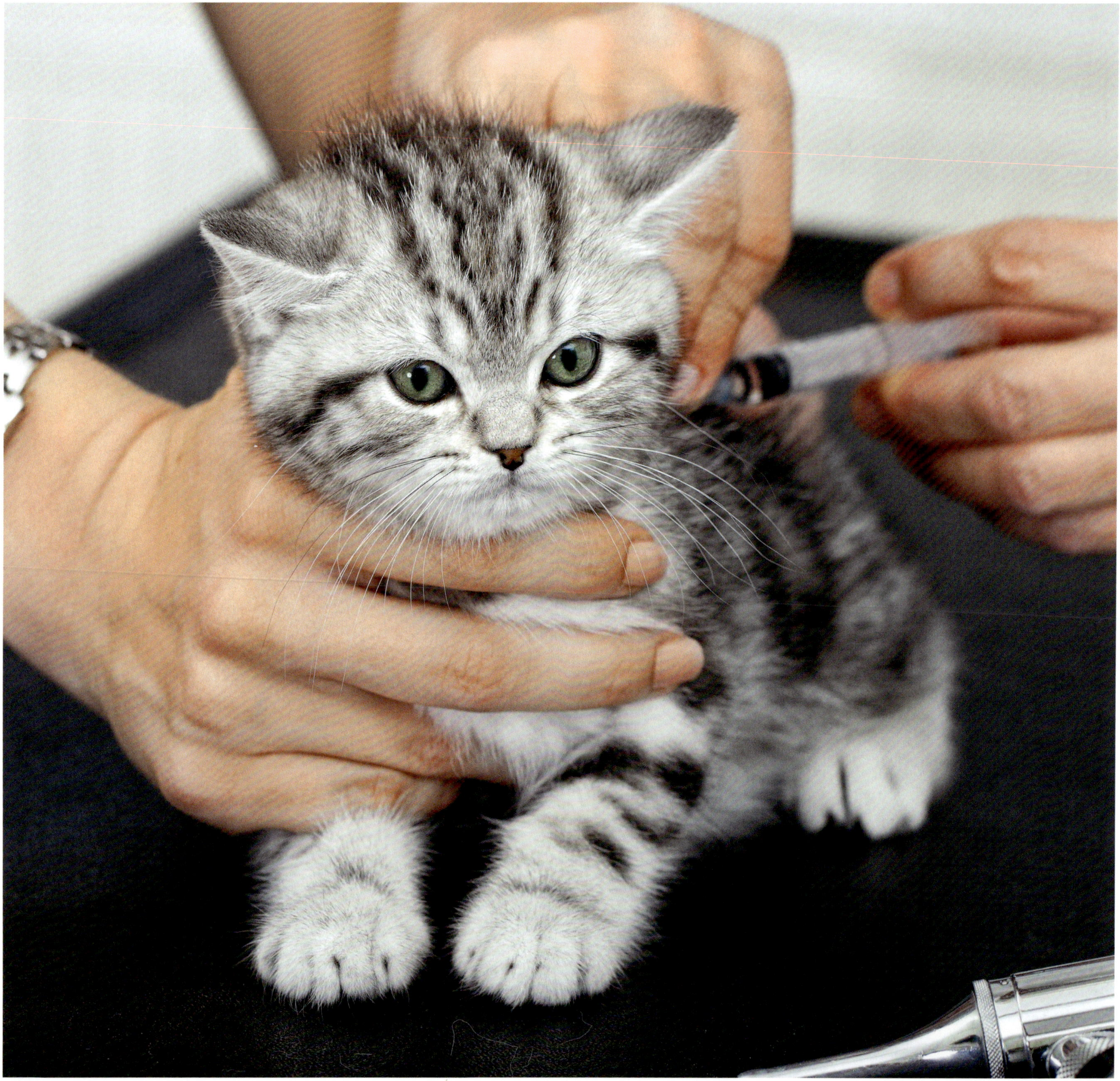

IMPFUNG & WURMKUR

Gute Pflege von Anfang an

Nicht nur ein krankes Katzenkind sollte zum Tierarzt. Mit einer regelmäßigen Gesundheitsvorsorge bleiben Sie vor Infektionskrankheiten und Parasiten geschützt, und damit auch vor hohen Tierarztkosten.

IMPFUNG

Ein kleiner Pieks kann Leben retten: Dank regelmäßiger Impfungen gelten viele Infektionskrankheiten heutzutage als ausgerottet. Doch viel hilft nicht unbedingt viel! Einige Impfungen sind unnötig, um Ihr Katzenkind vor Krankheiten zu schützen. Nehmen Sie Ihre Lebenssituation darum mithilfe des Tierarztes genau unter die Lupe.

Eine Tollwutimpfung ist beispielsweise nur für Freigängerkatzen sinnvoll, die in Kontakt mit potenziell infizierten Tieren kommen könnten. Andererseits müssen Katzen, die auf Ausstellungen gezeigt werden oder mit ins Ausland reisen dürfen, auf jeden Fall gegen Tollwut geimpft sein, da sie ansonsten weder die Ausstellungshalle noch das andere Land betreten dürfen. Katzenschnupfen und -seuche hingegen können auch durch den Kontakt mit dem Menschen übertragen werden, eine Immunisierung sollte auch bei reinen Wohnungskatzen vorgenommen werden. Mittlerweile ist auch ein Impfstoff gegen Leukose verfügbar. Dieser ist aber nur bei Katzen wirksam, die noch nicht mit dem Virus in Kontakt gekommen sind – viele Tierärzte wenden sie darum nur bei Jungtieren an.

Die auf dem Markt verfügbaren Impfstoffe sowie die Impfempfehlungen der Tierärztekammer ändern sich regelmäßig. Beraten Sie sich darum auf jeden Fall mit Ihrem Tierarzt, bevor Sie eine Entscheidung fällen!

UNGEZIEFERABWEHR

Ist Ihre Katze Freigänger, sind unter Umständen nicht nur weitere Impfungen nötig. Auch ein Abwehrmittel gegen Parasiten wie Flöhe, Läuse und Zecken kann Ihnen und Ihrer Katze viele Scherereien ersparen! Die Mittel sind als Spray, Tropfen oder als sogenanntes „Spot On", das in den Nacken der Katze geträufelt wird, erhältlich. Besonders wirksam sind ausschließlich beim Tierarzt erhältliche Präparate, die aber aufgrund ihrer teilweise giftigen Inhaltsstoffe in Verruf geraten sind. Nicht immer sind diese Präparate auch für Katzenkinder geeignet. Hier ist eine besonders penible Anwendung ein Muss! Doch auch natürliche Mittel können kleine Blutsauger fernhalten. Bitte nehmen Sie aber von Hausmittelchen wie Teebaumöl und weiteren ätherischen Ölen Abstand – diese belästigen Ihre Katze nicht nur mit ihrem durchdringenden Geruch, ätherische Öle enthalten auch für die Katze hochgiftige Bestandteile!

WURMKUR

Würmer sind eine ekelige Angelegenheit. Doch schon, bevor sie sich im Kot der Katze zeigen, kann Ihre Katze unter Wurmbefall leiden. Auch wenn Ihr Vierbeiner keinen Freigang genießt, sollten Sie mit einer regelmäßigen Kotuntersuchung sichergehen, dass er nicht durch Ablecken von Schuhen oder die Aufnahme unhygienisch verarbeiteten Futters mit Wurmeiern in Kontakt gekommen ist. Ein derartiger Test kann schnell und einfach vom Tierarzt durchgeführt werden – genauso schnell wirken auch die von ihm verschriebenen Wurmmittel.

KRANKES KATZENKIND

Auch das gesündeste Katzenkind kränkelt einmal … Bei Beschwerden, die über mehrere Tage anhalten, im Notfall oder bei sonstigen Zweifeln sollten Sie darum immer den Tierarzt Ihres Vertrauens aufsuchen. Egal, ob Ihre Jungkatze das Futter verweigert, nicht mehr spielt, erbricht, hustet oder sich verletzt hat: Ein Tierarztbesuch bedeutet zwar immer Stress für eine kranke Katze, kann aber vor einer Verschlechterung bewahren!

EIN GESUNDES KATZENKIND

- spielt
- frisst
- putzt sich
- schläft
- benutzt die Katzentoilette regelmäßig
- hat klare Augen ohne Ausfluss
- hat eine trockene Nase
- hat ein glänzendes Fell

ZWEI, DIE SICH VERSTEHEN

Die Katze als Lebenspartner

„Das Leben und dazu eine Katze, das gibt eine unglaubliche Summe." (Rainer Maria Rilke)

VOM KÄTZCHEN
zur ausgewachsenen Katze

Aus Tollpatschigkeit wird Eleganz, der kleine Katzenkörper streckt sich: Naht der erste Geburtstag der Katze, ist aus dem tapsigen Kitten eine elegante, erwachsene Samtpfote geworden. Auch mental reift sie, je nach Rasse, bis zum 3. Lebensjahr.

DER KATZENKÖRPER

Je nach Katzenrasse gilt eine Katze mit einem Jahr als ausgewachsen. „Spätentwickler" wie die Britisch Kurzhaar brauchen auch einmal drei Jahre, bis sie ihre volle Größe erreichen. Sobald der Wachstumsschub der Kindheit vorbei ist, nehmen auch Energiebedarf und Appetit ab. Anstatt Ihrer Katze so viel Futter anzubieten, wie sie gern hätte, können Sie nun regelmäßige Mahlzeiten einführen und die tägliche Futtermenge dem Futterzustand Ihrer Katze anpassen. Einfache Faustregel: Die Rippen sollte man nicht sehen, aber fühlen können. Gerade langhaarige Rassen können aber durchaus „plüschig" aussehen und dabei stark untergewichtig sein. Ihr Tierarzt kann Ihnen bei der Einschätzung helfen.

DIE KATZENPSYCHE

Ihre Katze ist nun nicht nur äußerlich gewachsen. In den letzten Monaten hat sie zudem viele gute und auch schlechte Erfahrungen gesammelt, die ihren Charakter gefestigt haben. Je nachdem, was Ihre Katze vor der Zeit bei Ihnen oder mit Ihnen erlebt hat, kann sie eine eher ängstliche Natur sein, vorsichtig, ausgelassen, stabil, draufgängerisch oder vielleicht auch ein wenig dominant. Ihre Katze ist nun eine durch und durch ausgereifte Persönlichkeit!

DIE GESCHLECHTSREIFE

Haben Sie sich bisher noch nicht zu einer Kastration Ihrer Katze durchringen können, wird das Thema nun aktuell. Kater und Katzen werden mit sechs bis acht Monaten geschlechtsreif, intakte Kater beginnen meist ihr Revier zu markieren und unkastrierte Kätzinnen werden rollig – anstrengend und belastend für Katze und Mensch! Selbst, wenn Sie sich Nachwuchs von Ihrer Katze wünschen, sollte dies im Sinne Ihrer Katze und den zukünftigen Katzenkindern unter kontrollierten Bedingungen geschehen. Suchen Sie das Gespräch mit Ihrem Tierarzt.

ERFAHRUNGEN MACHEN

Dass Ihre Katze erwachsen ist, bedeutet natürlich nicht, dass ihre Persönlichkeit in Stein gemeißelt ist. Sie wird weiterhin Erfahrungen sammeln, die ihren Charakter formen werden. Auch Ihr Verhältnis wird sich verändern, Ihre Beziehung wird im Lauf der Zeit noch enger werden. Füllen Sie den Alltag Ihrer erwachsenen Katze mit Herausforderungen und Überraschungen. Hören Sie nicht auf, die Spielangel zu schwingen, sich neue Spiele auszudenken und Neues auszuprobieren. Wie wäre es beispielsweise mit Clickertraining oder Agility?

[a]

[b]

[c]

DAS IST *wirklich* WICHTIG

[a] REIFEPHASEN Mit etwa einem Jahr gelten Katzen als erwachsen. Je nach Rasse gibt es aber auch Spätentwickler. Britisch Kurzhaar Katzen brauchen bis zu drei Jahre, um komplett ausgewachsen zu sein, auch Maine Coons und Norwegische Waldkatzen brauchen Zeit.

[b] ABGEKLÄRT? Dass der Charakter Ihrer Katze nun vollkommen ausgereift ist, heißt nicht, dass sie nicht mehr spielen und toben möchte! Katzen lernen ein Leben lang und auch erwachsene Tiere müssen Erfahrungen machen.

[c] VON WEGEN! Hören Sie darum nicht auf, mit Ihrer Katze zu spielen, wenn sie dem Kittenalter entwachsen ist. Sowohl junge als auch ältere Katzen wollen beschäftigt werden.

IN GUTEN ...

... wie in schlechten Zeiten

In der bisherigen gemeinsamen Zeit mit Ihrer Katze werden Sie beide schon eine Menge erlebt haben. Die ersten Wochen mit einem quirligen Katzenkind waren eine Herausforderung für Sie, aber auch eine wichtige Erfahrung für Ihre Katze, in der sie das Rüstzeug zum Zusammenleben mit dem Menschen und, im Besonderen, mit Ihnen gelernt hat.

Auch wenn eine schon erwachsene Katze Ihre Familie ergänzt hat, waren die ersten Wochen erlebnisreich. Jetzt sind eventuelle Startschwierigkeiten überwunden, Sie haben sich aneinander und an einen gemeinsamen Alltag gewöhnt.

VERÄNDERUNGEN

Ein Umzug in eine andere Wohnung, ein neuer Job, die Geburt eines Kindes oder der Zuzug eines weiteren kätzischen Artgenossen: Veränderungen gehören zum Leben. Das ist auch gut so! Würde das Leben sonst nicht langweilig werden? Haben Sie keine Angst davor, wenn es in Ihrem Leben einmal drunter und drüber geht. Katzen reagieren zwar sensibel auf Veränderungen in Ihrem Lebensbereich, in der Regel werden sie diese aber mit katzentypischer Eleganz ertragen und sich bald schon an das neue Familienmitglied, den neuen Tagesablauf oder die neue Umgebung gewöhnen. Um Ihrer Katze die Umgewöhnung zu erleichtern, helfen Tricks und Tipps, denen wir schon bei der Eingewöhnung im neuen Zuhause begegnet sind. Versuchen Sie, die Umgebung Ihrer Katze in wenigen wichtigen Punkten stabil zu halten: Die gewohnte Kuscheldecke bietet Rückzugsmöglichkeiten, Katzenklo und -streu sind vertraut und auch das Futter schmeckt wie immer. Bei einer Veränderung der Umgebung sollte zum Beispiel nicht gleich die Futtersorte gewechselt werden.

STABILITÄT

Für das Wildtier Katze ist es überlebenswichtig, jegliche Veränderungen ihrer Umgebung schnell zu bemerken und entsprechend zu reagieren. In Revieren ohne ein ausreichendes Vorkommen möglicher Beutetiere droht sonst der Hungertod und einen kalten Winter hält auch das dickste Wildkatzenfell nicht ab ... Im Zusammenleben mit dem Menschen drohen zwar in der Regel weder Hungertod noch Hagelstürme. An den Instinkten unserer Hauskatzen ändert sich jedoch nichts.
Hier sind Sie der Anker, der Ihrer Katze die Stabilität gibt, um Veränderungen zu überwinden und sich möglichst schnell an die neue Situation zu gewöhnen. Sie haben Ihre Katze in den letzten Jahren begleitet, sie weiß, dass sie sich auf Sie verlassen kann. Egal, ob Sie umgezogen sind, Ihre Familie durch ein Baby ergänzt wird oder Sie sich, begründet durch eine hohe Arbeitsbelastung, gestresst fühlen: Ihre Katze wird spüren, dass etwas nicht stimmt. Versuchen Sie, lange Kuscheleinheiten einzubauen und Ihrer Katze die Aufmerksamkeit zu geben, die Sie verdient. So können nicht nur Sie die beruhigende Wirkung des Katzenschnurrens genießen, sondern auch Ihre Katze wird bald wieder Boden unter den Pfoten haben!

FREIGANG

Mit der Katze die Natur genießen

Ungestört im hohen Gras umherstreifen können, die Sonne genießen, auf Bäume klettern und sich mit dem Nachbarskater treffen: Wer wünscht seiner Katze nicht ein Stück Freiheit?

DIE FREIGÄNGER-KATZE

Freigang macht schließlich jede Katze glücklich – oder? Wenn wir davon reden, dass unsere Hauskatzen im Inneren noch ganz und gar Raubtier sind, mag es seltsam erscheinen, dass viele Katzen tatsächlich keinen Drang nach Freigang verspüren. Der Charakter unseres Stubentigers wird neben seinen Genen aber auch von seiner Aufzucht und seinen bisherigen Erfahrungen geprägt. So gibt es ruhigere Naturen, die die gemütliche Wohnung einem Streifzug durchs Revier vorziehen oder sich mit einem kurzen Sonnenbad auf den Terrassenfliesen begnügen. Ein quirliges Kätzchen, halbwild im Freien aufgewachsen, wird hingegen nie mit einer reinen Haltung in der Wohnung glücklich werden. Und es gibt auch sie, die Katzen, die keinem Klischee gerecht werden: Ehemalige Streuner, die sich entschieden haben, keinen Fuß mehr ins Freie zu setzen und Rassekatzen, die Freude am Verteidigen ihres eigenen Reviers gefunden haben.
Ob und in welchem Maße die freie Natur Ihre Katze und auch Sie glücklich macht, hängt von mehreren Faktoren ab. Neben Ihrer Katze und Ihnen ist auch eines maßgeblich: Das potenzielle Revier.

DAS PERFEKTE REVIER

Wenn es „die" Freigängerkatze nicht gibt – gibt es die perfekte Umgebung, um einer Katze Freilauf zu gewähren? Keine Angst: Damit Ihre Katze ungestört durchs Gras schleichen, Vögeln und Libellen auflauern, Kratzmarkierungen am Baum hinterlassen und sich auf den warmen Terrassensteinen sonnen kann, muss das zukünftige Revier nicht perfekt sein. Erscheinen Ihnen ausgedehnte Wiesen und Felder als ultimatives Katzenparadies, kann ein kleiner Garten den Bedürfnissen Ihrer Katze durchaus genügen und vielleicht sogar Ihnen als eher ängstlichen Katzenhalter entgegenkommen.

SICHER IST SICHER

Es hört sich so einfach an: Tür auf, Katze raus, Katze die Natur genießen lassen. Pünktlich zur Futterzeit sitzt der Vierbeiner natürlich wieder gesittet auf der Fußmatte und verbringt die Nacht im heimischen Bett, um am nächsten Tag wieder auf Erkundungstour zu gehen. Leider sieht die Realität oft anders aus. Viele Abenteurer vergessen vor lauter Lauern, Klettern und Genießen die zeitige Rückkehr nach Hause und auch der idyllische Bauerngarten bietet Gefahren für die Katzengesundheit.

DIE VORAUSSETZUNGEN

Um von ungeliebten Überraschungen verschont zu bleiben, sollten einige Rahmenbedingungen stimmen, bevor Sie Ihre Katze in die Natur entlassen. Dass nur geimpfte und kastrierte Tiere Freigang genießen sollten, hatten wir schon im zweiten Kapitel besprochen.
Eine eindeutige Markierung in Form einer Ohrtätowierung oder eines Mikrochips ist wichtig, damit Ihnen die Katze im Ernstfall zurückgebracht werden kann. Halsbänder sind übrigens keine gute Alternative zur Identifizierung. Da sie mit Sollbruchstellen versehen sind, gehen sie schnell einmal verloren – und reißt das Band nicht beim Hängenbleiben an Baum, Zaun oder Gebüsch, verletzen sich die kleinen Stubentiger allzu schnell. Das gleiche gilt übrigens auch für Zeckenhalsbänder. Weichen Sie lieber auf ein Spot-On-Präparat aus.

VERKEHRSSICHERHEIT

Das Revier einer Freigängerkatze ist etwa einen Quadratkilometer groß, unkastrierte Kater nehmen aber auch schon einmal kilometerweite Wanderungen auf sich, um auf Partnersuche zu gehen. In städtischer Umgebung sind derartige Streifzüge kaum ohne Straßenüberquerungen möglich. Es gibt zwar durchaus Tiere, die beim Nahen eines Autos lieber auf dem sicheren Bürgersteig zu bleiben scheinen, doch in der Regel können Katzen die Geschwindigkeit kommender Kraftfahrzeuge nicht einschätzen. Lauert eine fremde Katze hinter dem Gebüsch oder nehmen die empfindlichen Katzenohren das Japsen von Nachbars Schäferhund wahr, gibt es oft kein Halten mehr – ohne Rücksicht auf eventuell nahende Autos. Versuche, seiner Katze eine gewisse Portion an Umsicht vor dem Überqueren einer Straße beizubringen, schlagen in der Regel fehl. Ein Katzenrevier ist darum umso sicherer, je weniger Straßen es beinhaltet.

[a]

DAS IST *wirklich* WICHTIG

[a] DER RUF DER WILDNIS Freigang ist nicht gleich Freigang. Nach Möglichkeit sollte das Revier fernab viel befahrener Straßen liegen. Wer seiner Katze kein sicheres, ungestörtes Herumstromern in der freien Natur ermöglichen kann, kann ihr an der Leine oder auf dem Balkon ein Stück Freiheit bieten.

[b] VORAUSSETZUNGEN Aus Sicherheitsgründen sollten nur geimpfte und kastrierte Katzen Freigang genießen. Mit Hilfe eines Microchips können für gefundene Katzen ihre Halter ermittelt werden.

[b]

DAS IST *wirklich* WICHTIG

[a] WINTER Natürlich muss sich der Freigang nicht nur auf sonnige Tage beschränken! Hartgesottene Freigänger fordern ihren Auslauf bei nahezu jedem Wetter ein. Liegt Schnee, sieht das eigene Revier gleich ganz anders aus.

[b] AUF DER LAUER Das kühle Weiß bietet viel zu entdecken. Wie es wohl den Mäusen unter der Schneedecke geht?

[c] RISIKEN Schlechte Sicht, rutschige Straße, Jagdsaison. Auch im Winter lauern viele Gefahren, mit denen die Katze umgehen muss.

[a]

[b]

[c]

NATURERLEBNIS

Von Straßen, Jägern und Nachbarskatzen

Wer wünscht es seiner Katze nicht, ungestört ein Stück Freiheit zu genießen? Damit das Naturerlebnis für alle Beteiligten erholsam ist, gibt es ein paar Dinge, die Sie beachten sollten.

WALD UND FLUR

Sich im Wind wiegende Felder, grüne Wälder und weit und breit kein Nachbar in Sicht: Gehören Sie zu den Katzenfreunden, die auf dem Land leben, scheint es keinen Grund zu geben, Ihrer Katze keinen Freilauf zu gewähren. Um vor bösen Überraschungen verschont zu bleiben, ist es aber hilfreich, sich von vornherein nach dem zuständigen Jäger des Gebietes zu erkundigen und sich und seine Katze mit ihm bekannt zu machen. Die Gefahr, dass Ihre Katze für einen herrenlosen Streuner gehalten wird, reduziert sich damit ungemein! Auch, wenn Ohrtätowierung und Microchip helfen, die Fellnase im Ernstfall zurückzuführen, achten viele Jäger in der Realität leider nicht auf derartige Kennzeichnungen.

GIFTPFLANZEN

Das Knabbern an Grashalmen hilft Katzen, verschluckte Haare zu erbrechen. Doch auch anderes Grünzeug übt eine Faszination auf unsere Stubentiger aus – leider auch dann, wenn es sich um giftige Pflanzen handelt, deren Genuss zu leichten bis schweren Vergiftungserscheinungen führen kann. Für Katzen schädliche Pflanzen aus dem eigenen Garten zu entfernen, reduziert das Risiko einer Vergiftung ungemein. Doch nicht alle Pflanzen können restlos aus dem Wirkungskreis der Katze entfernt werden. Nadelbäume beispielsweise sind durch ihren Gehalt an ätherischen Ölen giftig – schon das Verschlucken von im Fell hängengebliebenen Nadeln reicht, um Reizungen der Schleimhäute im Maul- und Rachenbereich sowie im Magen-Darm-Trakt zu verursachen. Halten Sie darum die Augen auf und kontaktieren Sie den Tierarzt, falls Ihre Katze Würgen, wiederholtes Erbrechen, starken Durch-fall, übermäßiges Speicheln oder Schaum vor dem Maul, geschwollenes oder entzündetes Zahnfleisch, Verkrampfungen, Gleichgewichtsstörungen oder anderweitige neurologische Störungen zeigt. Doch keine Angst: Auch, wenn die Liste der Symptome erschreckend erscheint, sind Vergiftungserscheinungen gerade bei Katzen, die regelmäßigen Freigang genießen, relativ selten.

NACHBARN UND NACHBARSKATZEN

Nennen Sie nicht einen Bauernhof Ihr Eigen, wird Ihre Katze auf ihren Streifzügen anderen Tieren und Menschen begegnen. Es ist darum durchaus von Vorteil, wenn Sie sich und Ihre Katze in der Nachbarschaft vorstellen. So beugen Sie nicht nur einem Anfüttern Ihrer Katze vor, sondern können auch direkt kontaktiert werden, falls sich Ihr Vierbeiner entschieden hat, den Abend mit der Nachbarskatze vor dem Nachbarskamin zu verbringen. Und wer weiß, vielleicht findet sich ja auch gleich ein potenzieller Katzensitter, der Ihren Stubentiger beim nächsten Urlaub direkt bei Ihnen Zuhause versorgen kann? Seien Sie aber nicht enttäuscht, wenn sich der neue Nachbar nicht als Katzenfreund herausstellt. Doch was nicht ist, kann ja noch kommen.

SCHÖN UND HOCHGIFTIG Im Sinne Ihrer Katze sollten Sie folgende Pflanzen aus Ihrem Garten entfernen, um Vergiftungserscheinungen vorzubeugen:

- Adlerfarn
- Buchsbaum
- Berglorbeer
- Chrysantheme
- Efeu
- Eibe
- Fingerhut
- Hortensie
- Maiglöckchen
- Nadelbäume
- Osterglocke
- Nelke
- Schwarzer Holunder
- Wacholder
- Zwiebelgewächse

EIN BISSCHEN FREIHEIT

Gesicherter Freigang

Nicht jeder Katzenfreund hat die Möglichkeit, seinem Vierbeiner sicheren Auslauf bieten zu können. Vielleicht wohnen Sie in einer Mietwohnung ohne Garten, nahe an einer viel befahrenen Straße oder haben Angst, Ihren Stubentiger allein vor die Tür zu lassen. Dennoch gibt es genügend Möglichkeiten, Ihren Vierbeiner ein Stück Natur genießen zu lassen.

KATZENSICHERE AUSSICHT

Die Aussicht aus dem Fenster ist auch für Katzen hochinteressant. Was bewegt sich denn da unten? Ist das etwa ein Artgenosse? Beim Anblick des Nachbarhundes wird das Fell gesträubt, der vorbeifliegende Vogel animiert zum Schnattern und jedes vorbeifahrende Fahrrad wird voller Neugier beobachtet, bis es um die Ecke verschwindet. Die Chancen, dass die Fensterbank bald zu einem Lieblingsplatz Ihrer Katze wird, stehen gut! Ein flaches Kissen lädt zum Kuscheln und Ausstrecken ein und im Winter verspricht die warme Heizung Komfort. Ein durch das Fenster hereinwehendes laues Sommerlüftchen bringt viele neue Gerüche in die Wohnung und viele Katzen würden auch bei steifer Nordbrise ihren Kopf am liebsten aus dem Fenster hängen, um ja nichts zu verpassen. Gerade gekippte Fenster stellen eine große Gefahr für Katzen dar. Schnell verfängt sich beim Versuch, nach draußen zu gelangen, nicht nur die Pfote, sondern der ganze Körper. Eine tödliche Angelegenheit! Auch der Sturz aus einem weit geöffneten Fenster kann schwere Verletzungen nach sich ziehen. Sichern Sie alle Fenster darum mit Fenstergittern und einem speziellen Kippfensterschutz ab. Handelsübliche dünne Mückennetze bewahren übrigens nicht vor einem Sturz!

DER KATZENBALKON

Auch Katzen lieben es, auf Balkonien auszuspannen – und welchen Katzenfreund erfreut es nicht, wenn ihm die Katze beim Entspannen Gesellschaft leistet? Mit ein wenig Geschick und Ideen können Sie Ihren Balkon zu einem Katzenparadies machen, der einem großen Freigehege in nichts nachsteht und Ihrer Katze genauso viele Herausforderungen bietet, wie der Freilauf im Garten. Balkonkübel mit für Katzen interessanten Pflanzen wie Katzenminze, Katzengras, Weizen, Gerste und Hafer sowie weiteren Kräutern wie Thymian und Baldrian laden zum Schnuppern und Knabbern ein und beugen so noch festsitzenden Haarballen vor. Wer möchte, kann seiner Katze sogar eine kleine Aussichtsplattform in Form eines Outdoor-Kratzbaums bieten und ihr aus Holzboxen kleine Höhlen zum Entspannen und Verstecken bauen. Eine flache, mit wenig Wasser gefüllte Schale bietet eine wunderbare Möglichkeit, sich in den Sommermonaten abzukühlen. Und wenn Frauchen und Herrchen einmal kurz die Füße in den Katzenpool hängen – umso besser!

Was schon für den Ausblick aus dem Fenster galt, ist hier umso wichtiger: Schnell einmal wird einem Vogel hinterhergejagt oder nach dem Nachbarshund gefaucht – ohne Rücksicht auf Verletzungen. Bewahren Sie Ihre Katze darum mit Hilfe einer speziellen Balkonabsicherung davor, vor lauter Neugier in die Tiefe zu fallen. Baumärkte und Tierzubehörläden bieten gerade in den Sommermonaten spezielle Schutzgitter an, mit denen Sie Ihren Balkon mit wenig Arbeit in ein Katzenparadies verwandeln können. Balkone ohne Überdachung sollten auch nach oben abgesichert werden.

Doch Vorsicht: Viele Klettermaxe lassen sich von derartigen Gittern zum Erkunden luftiger Höhen verleiten. Lassen Sie Ihre Katze auch auf dem Balkon nie alleine, damit sie sich nicht trotz Absicherung verletzt!

[a]

[b]

[c]

DAS IST *wirklich* WICHTIG

[a] FENSTERPLATZ Auch ohne eigenen Garten können Sie Ihrer Katze Abwechslung bieten. Vom Fenster aus lassen sich Spaziergänger, Autos, fremde Hunde und Katzen wunderbar beobachten.

[b] BALKONIEN Ein abgesicherter Katzenbalkon ist die nächste Stufe des Freigangs auf Raten. Vielleicht haben Sie ja sogar die Möglichkeit, einen Outdoor-Kratzbaum anzubringen, auf dem Ihre Katze in luftiger Höhe die Sonne genießen kann?

[c] UMZÄUNTER GARTEN Ein katzensicherer Garten kommt dem Freilauf am nächsten, allerdings ohne Gefahren. Egal, welche Möglichkeiten sich Ihnen bieten und wofür Sie sich entscheiden: Ihre Katze wird es Ihnen danken und sich über die Abwechslung freuen!

[a]

DAS IST *wirklich* WICHTIG

[a] GARTENTRÄUME Ein Garten lässt sich mit etwas Geschick in ein sicheres Katzengehege umbauen. Wer diese Möglichkeit nicht hat, kann die Natur auch mit der Katze an der Leine genießen.

[b] VORNE WEG Hier geht die Katze mit dem Menschen spazieren, nicht umgekehrt. Katzen sind keine Hunde und die Taschentiger wissen meistens genau, wo es hingehen soll.

[c] CATWALKER Ist die Katze an Geschirr und Leine gewöhnt, machen die Ausflüge Spaß.

[b]

[c]

SPAZIERGÄNGE
im Garten oder im Park

Eine andere wunderbare Möglichkeit, Ihrer Katze ein Stückchen Freiheit zu bieten, sind ein Freigehege oder Spaziergänge an der Leine, nachdem sich die Katze an Geschirr und Leine gewöhnt hat. So können Sie gemeinsam an die frische Luft!

DAS FREIGEHEGE

Nennen Sie keinen Balkon, sondern eine großzügige Terrasse oder einen Garten Ihr Eigen, können Sie Ihrer Katze auch dort ein Katzenparadies gestalten. Kleinere Gartenbereiche können genau wie ein Katzenbalkon mit speziellen Sicherheitsgittern eingezäunt werden. Ein Grundgerüst aus Holz oder Metall sorgt für Stabilität, spezielle Katzennetze für Sicherheit. Weichen Sie auf keinen Fall auf günstigeren Maschendraht aus! Viele Katzen lieben es, darüberzuklettern. Hier besteht äußerste Verletzungsgefahr. Ist das Grundstück eingezäunt, kann es mit Kräuterkübeln, Kratzbaum, Versteck- und Spielmöglichkeiten ausgestattet werden. Möchten Sie Ihrer Katze Freilauf im gesamten Garten bieten, ist die Anbringung spezieller Katzenzäune mit etwa zwei Metern Höhe eine relativ einfach zu realisierende Möglichkeit, Ihr Grundstück abzusichern.

LEINENGÄNGE

Nanu – eine Katze an der Leine? Tatsächlich ist das „Gassigehen mit Katze" eine gute Gelegenheit für Katzenfreunde, die Ihrer Katze Abwechslung vom Wohnungsalltag bieten möchten. Doch Katzen sind keine Hunde. Trotz regelmäßiger Spaziergänge wird Ihre Katze weiterhin eine Katzentoilette in der Wohnung benötigen und wer die Samtpfote vor seinem inneren Auge artig an der Leine flanieren sieht, irrt sich. Katzen gehen gern ihren eigenen Weg – und das auch mit Geschirr oder den sehr viel katzenfreundlicheren „Cat-Walking-Jackets".

In der Regel geht die Katze mit dem Menschen spazieren. Wer sich damit anfreunden kann, seiner Katze zu folgen, wird aber durchaus Gefallen an Leinengängen mit seiner Mieze finden! Auch hier kommt die Sicherheit zuerst: Da der schlanke Katzenkörper nicht annähernd so stabil ist wie der eines Hundes und ein zarter Katzenhals keinerlei Druck oder Zug aushält, darf die Leine nie am Halsband festgemacht werden. Bessere Alternativen sind Geschirre, die es mittlerweile auch speziell für Katzen gibt, oder sogenannte „Cat-Walking-Jackets", die aus einem einzigen Stück Textil gefertigt und wie ein T-Shirt geschneidert sind und keinerlei punktuellen Druck ausüben. Gewöhnen Sie Ihre Katze in der Wohnung an das Geschirr, um draußen vor bösen Überraschungen verschont zu bleiben. Lassen Sie die Leine vorerst außen vor und haken Sie sie erst ein, wenn Ihre Katze das Brustgeschirr akzeptiert hat. Doch Vorsicht: Auch ruhige Naturen, die Geschirr und Leine von Anfang an tolerieren, sollten nicht allein in voller Montur durch die Wohnung streifen. Allzu schnell kann sich die Leine um die Stehlampe oder um das Tischbein wickeln.
Auch draußen sollten Sie auf Nummer sicher gehen und nur auf abgesicherten, gut überschaubaren Flächen ohne Gefahr, auf Hunde oder andere Tiere zu treffen, spazieren gehen. Die Begegnung mit fremden Menschen kann bei manchen Katzen ebenfalls Panikattacken auslösen. Beschränken Sie sich daher gerade bei sensiblen Stubentigern auf Besuche im eigenen Garten oder in dem des Nachbarn, dessen Einverständnis vorausgesetzt.

GOURMETNAHRUNG *für Stubentiger*

Lachsfilet mit Möhrchengemüse oder Truthahnschmaus: Läuft Ihnen auch das Wasser im Mund zusammen, wenn Sie das Katzenfutterregal durchforsten?

DIE ZUSAMMENSETZUNG EINER MAUS

Forscher haben herausgefunden, dass die empfindlichen Geschmacksnerven der Katze eine Nahrung mit 26 Gramm Protein, 9 Gramm Fett und 8 Gramm Kohlehydraten bevorzugen – ganz ähnlich der natürlichen Zusammensetzung einer Maus. Bei der Auswahl der richtigen Nahrung hilft unseren Stubentigern ein ganz besonderer Geschmackssinn: Sie haben zwar keine Geschmacksknospen für süß, dafür können sie mit „umami" hochwertige Aminosäuren wahrnehmen. Für Katzen, deren Nahrung vor allem aus proteinreichen Beutetieren besteht, ist dies eine wichtige und hochspezialisierte Anpassung!

FESTSCHMAUS FÜR WILDKATZEN

Doch frei lebende Katzen können nicht immer so wählerisch sein. Die Europäische Wildkatze ernährt sich bis zu 80 Prozent von Mäusen, doch in mageren Zeiten sagt sie auch zu Vögeln, Kaninchen und sogar Insekten nicht nein. Auf dem Speiseplan der afrikanischen Falbkatze stehen sogar Spinnen und Skorpione. Auch wild lebende Bauernhofkatzen fressen, was ihnen vor die Nase kommt. Klingt eklig? Vielleicht für uns – doch auch diese ungewöhnlichen Beutetiere versorgen die Kleinkatzen mit wichtigen Proteinen, Mineralien und Vitaminen. Was unseren Katzen schmeckt, muss nicht unbedingt uns Menschen ansprechen!

DAS RICHTIGE FUTTER FINDEN

Unsere Hauskatzen können sich an einem Überfluss leckerer Dosen, Beuteln und Schälchen laben. Gebratenes Hühnchen mit Erbsen und Möhren gefällig – oder doch lieber Fischhappen in Gelee? Selbstkochen, Rohfütterung oder doch lieber Fertigfutter? Die Suche nach der richtigen Fütterungsmethode ist zu einem wahren Glaubenskrieg unter Katzenfreunden geworden. Neulingen und auch alten Hasen schwirrt da schnell der Kopf ... Allerdings gibt es ein paar einfache Parameter, die Ihnen bei der Entscheidung für das richtige Futter helfen können.

DU BIST, WAS DU ISST

Wichtig zu wissen: Katzen sind reine Fleischfresser und können Kohlehydrate nur begrenzt verwerten. Katzenfutter sollte darum einen möglichst hohen Fleischgehalt aufweisen. Als Wüstentier nimmt unsere Katze die benötigte Feuchtigkeit zudem über die Nahrung und weniger über den Wassernapf auf. Frisches Wasser sollte immer zur freien Verfügung stehen, genauso wichtig ist es aber, auf einen hohen Feuchtigkeitsgehalt der Nahrung zu achten.

FERTIGNAHRUNG

Fertignahrung für Katzen ist komfortabel, günstig und fast überall verfügbar. Doch die im Handel erhältliche Fertignahrung ist nicht nur in Trocken- oder Nassform erhältlich, sondern weist auch erhebliche Qualitätsunterschiede auf.
Die Auswahl der richtigen Nahrung ist mittlerweile zu einer kleinen Wissenschaft geworden, auf die wir hier nur am Rande eingehen können. Mittlerweile sind viele Bücher erschienen, die die Grundlagen der Katzenernährung vermitteln und bei der Entscheidung für die richtige Fütterungsmethode und die richtige Fertignahrung helfen. Wer sich (noch) nicht langwierig einlesen möchte, sollte auf einen möglichst hohen Fleischgehalt und keine oder nur wenige tierische oder pflanzliche Nebenerzeugnisse achten. Auch Zucker, Karamell, Farb- und Geschmacksstoffe gehören nicht ins Katzenfutter. Alleinfutter enthalten alles, was Ihre Katze zum Gesundbleiben benötigt: Vitamine, Mineralstoffe, essenzielle Aminosäuren, die die Katze selbst nicht herstellen kann, und weitere Nährstoffe. Ergänzungsfuttermitteln hingegen sind keinerlei Nährstoffe zugesetzt – sie sind nur als besonderer Happen für Zwischendurch gedacht, eine alleinige Fütterung kann zu Mangelerscheinungen führen.

FLEISCHGEHALT IM KATZENFUTTER **Die Inhaltsliste auf der Rückseite der Katzenfutterpackung ist absteigend sortiert. Steht Fleisch an der ersten Stelle der Inhaltsstoffe, stellt es auch den größten Teil der Zutaten. Doch Vorsicht: Durch eine getrennte Aufschlüsselung anderer Zutaten wie zum Beispiel pflanzlicher Nebenerzeugnisse landen diese am Ende der Liste – auch dann, wenn ihr Gesamtanteil den hochwertiger Fleischzutaten weit übertrifft.**

DAS IST *wirklich* WICHTIG

[a] ALTERNATIVEN Selbstkochen oder Rohfütterung sind beliebt. Diese Ernährungsweisen sind aufwendiger als das einfache Öffnen einer Futterdose, haben aber bei richtiger Anwendung auch viele Vorteile.

[b] MHMM! DAS SCHMECKT! Wenn es der Katze schmeckt, hat sich der ganze Aufwand gelohnt.

[c] FRISCH VOM MARKT Hier kann der Katzenhalter selbst bestimmen, was in den Napf kommt. Dabei sollten die Zutaten der natürlichen Ernährungsweise der Katze entgegenkommen.

[a]

[b]

[c]

TOLLE KREATIONEN

Mehr als nur Fertigfutter

Sie möchten Ihrer Katze etwas Spezielles zaubern, haben von den Vorteilen der Rohfütterung gehört oder möchten auf spezielle Nahrungsbedürfnisse eines allergischen Stubentigers eingehen?

SELBSTKOCHEN

Sehr beliebt, aber auch sehr viel aufwendiger als das einfache Öffnen einer Futterdose, ist das Selbstkochen von Katzennahrung. Auf diese Art und Weise haben Katzenfreunde die Kontrolle über Inhaltsstoffe und Qualität des Futters und können auf eventuelle Allergien oder Mangelerscheinungen eingehen. Das macht die Kreation von Katzen-Gourmetnahrung aber auch anspruchsvoll, wenn es nicht zu Mangelerscheinungen kommen soll. Da viele Vitamine und Mineralien beim Erhitzen zerstört werden, sollten diese nach dem Kochen hinzugefügt werden.

ROHFÜTTERUNG

Die Rohfütterung oder kurz „BARF" kommt der natürlichen Ernährungsweise der Katze entgegen: Genau wie in freier Wildbahn wird die Nahrung roh gereicht. Natürlich verabreichen auch eingefleischte „BARFer" in der Regel keine kompletten Beutetiere, sondern bauen die natürliche Nahrung der Katze mit Muskelfleisch oder Fisch, Innereien, künstlichen oder natürlichen Nahrungsergänzungen und geringen Getreide- oder Gemüsebestandteilen nach. Wichtig: Kein Beutetier besteht nur aus Muskelfleisch, Innereien und Organe enthalten oft lebenswichtige Nährstoffe. Bei der Rohfütterung sollte darum auf ein ausgewogenes Verhältnis verschiedener Fleischquellen geachtet werden, wie beim Selbstkochen auch.
Aus diesem Grund ist die Rohfütterung von Katzennahrung bei vielen Tierärzten, die lieber auf hochwertige Fertignahrung setzen, verpönt. Kein Wunder, denn nicht jeder Katzenhalter investiert die notwendige Zeit, um sich sorgfältig ins Thema einzulesen. Sichern Sie sich die Unterstützung Ihres Tierarztes zu, wenn Sie sich für diese Fütterungsmethoden entschieden haben!

METHODE	AUFWAND	VORTEILE	NACHTEILE
Fertignahrung	Gering	Dose auf und fertig: Nach der Auswahl des richtigen Futters ist die Fütterung von Fertignahrung schnell, praktisch und je nach Sorte günstig. Gutes Fertigfutter versorgt die Katze mit allem, was sie zum Gesundbleiben benötigt.	Fertignahrung weist große Qualitätsunterschiede auf je nach Hersteller und Preissegment. Katzenfreunde sind von der Industrie abhängig und eventuellen Rezepturänderungen oder Produktionsfehlern ausgeliefert.
Rohfütterung	Hoch	Rohfütterung ist die natürlichste Fütterungsmethode für das Raubtier Katze. Katzenfreunde können auf individuelle Nahrungsvorlieben und -bedürfnisse eingehen.	Eine genaue Einarbeitung ist das A und O. Einkauf, Vorbereitung und regelmäßige Anpassung der Rezepte stellen einen hohen Zeitaufwand dar!
Selbstkochen	Mittel bis hoch	Portionen individualisierbar und ohne Zusatzstoffe. Kann auch portionsweise eingefroren werden.	Genaue Einarbeitung und regelmäßige Anpassung der Rezepte sind wichtig, damit die Katze alles bekommt, was sie zum Gesundbleiben benötigt. Auch wichtig: Kochen zerstört einen Großteil natürlicher Nährstoffe.

KATZENPFLEGE

Genießen von Kopf bis Fuß

Hauskatzen verbringen einen Großteil ihrer wachen Zeit mit Körperpflege. Dennoch benötigen sie ab und zu die Hilfe ihres Menschen – Kurzhaarkatzen seltener, langhaarige regelmäßig! Zeit für eine kleine Bürstenmasage.

SEIDIGES FELL

Die strukturierte Zunge der Katze ist das perfekte Werkzeug zur Fellpflege: Kleine Hornhaken lösen schonend loses Haar aus dem Fell. Verschluckte Haare sollen auf natürlichem Weg ausgeschieden werden, allerdings funktioniert dies gerade bei Langhaarkatzen nicht immer einwandfrei. Perser brauchen täglich Unterstützung bei der Fellpflege, da sonst die dichte Unterwolle verfilzt. Auch Halblanghaarkatzen wie die Maine Coon oder die Norwegische Walskatze freuen sich über regelmäßiges Kämmen. Kurzhaarige Stubentiger erledigen die Katzenwäsche selbst, doch auch sie freuen sich über eine Bürstenmassage, besonders in den Zeiten des Fellwechsels. Der Haustiermarkt hält eine Vielzahl verschiedener Bürsten bereit. Ob Sie am besten mit einem Plastikkamm, Gumminoppen, rotierenden Zinken oder einer Katzenbürste mit eng beieinanderstehenden Metallborsten klarkommen, ist Ihnen überlassen!

GENIESSEN

Sehen Sie die Fellpflege nicht als Pflicht, sondern genießen Sie die gemeinsame Zeit mit Ihrer Katze. Fahren Sie langsam mit dem Kamm oder der Bürste durch das Fell und beobachten Sie die Reaktion Ihrer Katze: Gibt es bestimmte Stellen, an denen Sie auch kräftigeres Bürsten mag oder Bereiche, an denen Sie gar nicht berührt werden möchte?

VERFILZUNGEN ZU LEIBE RÜCKEN

Gerade das Fell von Langhaarkatzen zeigt eine Tendenz, leicht zu verfilzen – und dann ist guter Rat teuer ... Kleine Knötchen kann man selbst lösen oder einfach herausschneiden. Ist das Fell jedoch großflächig verfilzt, sollten Sie Ihren Tierarzt zu Rate ziehen. Vermutlich hilft es nur noch, die Katze unter Vollnarkose zu scheren.

EIN SCHAUMBAD FÜR DIE KATZ'?

Die meisten Katzen sind keine Freunde von Wasser. Auch wohlriechendes Shampoo „stinkt" ihnen gewaltig. Ein Bad ist nur in Extremfällen nötig, beispielsweise aus medizinischen Gründen. Hier empfiehlt es sich, zu zweit zu sein, da sich Ihre Katze vermutlich wehren wird. Abtrocknen nicht vergessen! Genießen Sie das entspannende Schaumbad darum lieber selbst und unterstützen die Fellpflege Ihrer Katze mit Kamm und Bürste!

ZÄHNEPUTZEN – MUSS DAS SEIN?

Karius und Baktus sind nicht nur bei uns Menschen ein Problem. Auch Hauskatzen leiden an vielfältigen Zahnproblemen, häufig ausgelöst durch Zahnbelag, der einen idealen Nährboden für Bakterien bietet. Die einzige Lösung: Zähneputzen. Leider sind viele Katzen nicht besonders kooperativ, was die Reinigung ihrer 30 Zähne durch eine spezielle Tierzahnbürste angeht und kommen darum um eine professionelle Zahnsteinentfernung durch den Tierarzt nicht herum.

Eine sehr viel bequemere Alternative bieten spezielle Allein- und Zusatzfutter zur Zahnpflege, die durch mechanische Bestandteile die Zähne beim Kauen reinigen und Plaque reduzieren sollen. Ob diese Futtermittel Zahnbelag wirklich zu Leibe rücken und ernsthaften Zahnproblemen vorbeugen, Geldmache der Industrie sind oder sogar Zahnbelag hervorrufen können, wird derzeit noch unter Katzenfreunden und Experten diskutiert.

[a]

[b]

DAS IST *wirklich* WICHTIG

[a] KATZENWÄSCHE Die Katzenzunge ist das perfekte Werkzeug zur Fellpflege. Sie kämmt lose Haare heraus, entfernt Staub und glättet das Fell.

[b] BIS [e] SCHMUSEPFLEGE Bei langhaarigen Tieren oder im Fellwechsel können Sie Ihre Katze bei der Fellpflege unterstützen, Haarballen vermeiden und vor allem: Die Pflegeeinheit zur Kuschelzeit machen und genießen!

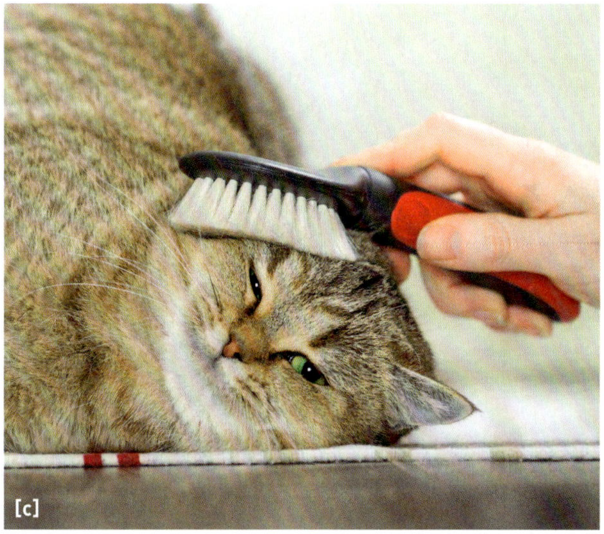

[c]

[d]

[e]

DAS IST *wirklich* WICHTIG

[a] PUTZZWANG Wird Putzen zum Zwang, können chronische Schmerzen dahinterstecken oder Stress.

[b] GRAS FRESSEN Katzengras kann die Verdauung unterstützen. Katzen nehmen es gern.

[c] WAS IST NORMAL? Als Laie ist es schwer, Verhaltensauffälligkeiten zu erkennen und zu behandeln. Das gilt vor allem dann, wenn es sich um subtile Änderungen handelt.

AUFFÄLLIGKEITEN

Mehr als Schlafen, Fressen, Putzen

Katzen sind sehr eigenwillige Tiere. Wenn Minka ihr Geschäft neben der Katzentoilette verrichtet oder Blacky gestresst wirkt, stimmt oft etwas nicht. Beobachten Sie die Verhaltensänderungen, sie sind meist Anzeichen von Stress oder Krankheit.

SCHLAF – ODER DOCH NICHT?

Schlafen ist lebenswichtig für alle Lebewesen, langfristiger Schlafentzug führt zu Stress und erhöht die Anfälligkeit für Infektionen und Verhaltensprobleme – ein Teufelskreis! Gesunde Hauskatzen schlafen 12 bis 15 Stunden am Tag, während dieser Zeit regenerieren sie sich körperlich und geistig. Schreckt Ihre Katze beim leisesten Geräusch auf, schläft sie übermäßig viel oder gar nicht mehr, ist dies nicht nur ungewöhnlich, sondern auch ungesund. Hintergrund kann übermäßiger Stress sein, aber auch eine Erkrankung jeglicher Art.

PUTZZWANG

Hauskatzen verbringen einen Großteil ihrer wachen Zeit mit Körperpflege – dabei putzen sie sich gründlich von vorne bis hinten. Entwickelt die von Natur aus reinliche Katze aber einen Putzzwang, reißt sich büschelweise Haare, häufig am Bauch, aus oder nimmt es mit der Körperpflege plötzlich gar nicht mehr so genau, sollte dies Grund zur Sorge geben. Auch hier kann Stress die Ursache der Verhaltensauffälligkeit sein, ebenso aber gesundheitliche Probleme oder Schmerzen. Der Tierarzt kann Licht ins Dunkel bringen!

VERDAUUNGSPROBLEME

Die Verdauung der Katze ist meistens regelmäßig – gerade dann, wenn das tägliche Menü von Hauskatzen keinen großartigen Variationen unterliegt. Fehlende Verdauung oder Durchfall über mehrere Tage sollten Grund zur Sorge geben – wird es innerhalb von 24 Stunden nicht besser, sollten Sie zum Tierarzt gehen. Bei starken Durchfällen gehen Sie am besten gleich, da die Katze sonst dehydrieren kann.

HÖREN SIE AUF IHR GEFÜHL

Vielleicht kennen Sie dieses leichte Unwohlsein, das Gefühl, dass etwas nicht stimmt, ohne es klar benennen zu können. Ihre Katze erscheint nicht krank – aber irgendetwas ist nicht in Ordnung … Hören Sie in solch einem Fall auf Ihr Gefühl! Sie haben ein sehr persönliches Verhältnis mit Ihrer Katze, kennen sie und ihr Verhalten in- und auswendig und haben vielleicht schon die eine oder andere Krankheit gemeinsam überstanden. Da reicht manchmal schon eine kleine Verhaltensänderung, damit die Alarmglocken schrillen … Das weiß auch Ihr Tierarzt.
Selbst, wenn Ihre Katze auf den ersten Blick rundum gesund erscheint, wird er Sie ernst nehmen und Ihren Vierbeiner einer genaueren Untersuchung unterziehen. Schämen Sie sich nicht, falls er dabei kein gesundheitliches Problem feststellt. Es ist immer besser, auf Nummer sicher zu gehen und Sie ersparen sich weitere Grübeleien und vielleicht ein schlechtes Gewissen, sollte Ihre Katze doch erkranken.
Falls es Sie beruhigt: Auch ich gehöre zu den Katzenmenschen, die schon öfter mit dem Kommentar „Falscher Alarm" vom Tierarzt zurückgekehrt sind, um nach wenigen Tagen mit einer eindeutig kranken Katze wieder in der Praxis aufzutauchen.

SELBSTHILFE

Viele Krankheiten, an denen wir Menschen leiden, kommen auch bei Katzen vor. Andere sind nur auf die Spezies Katze beschränkt. Doch egal, auch wenn die Symptome Ihrer Katze so ganz und gar der Magen-Darm-Infektion, die Sie vor wenigen Wochen erst durchlitten haben, ähneln: Nur ein Tierarzt kann eindeutig feststellen, was Ihrer Katze fehlt. Selbstdiagnose oder gar eine eigenmächtige Behandlung mit Medikamenten können die Genesung Ihrer Katze verzögern oder sogar schaden. Das gilt insbesondere dann, wenn es sich um Medikamente für die Anwendung beim Menschen handelt. Suchen Sie darum auf jeden Fall einen Fachmann auf, wenn Ihre Katze krank ist!

AB ZUM TIERARZT

Ist meine Katze krank?

Zum Tierarzt oder lieber doch nicht? Katzen sind tapfer und Meister darin, Krankheiten und Gebrechen jeglicher Art zu verstecken. Auch für erfahrene Katzenhalter ist es darum schwer, zu erkennen, ob ihr vierbeiniger Gefährte nur unter dem Wetter leidet oder ernsthaft krank ist … Bei diesen Anzeichen sollten Sie allerdings zum Tierarzt gehen!

APPETITLOSIGKEIT

Schon wieder bleibt der Futternapf unangetastet. Wurde das Nahen der täglichen Futterzeit ansonsten von durchdringlichem Miauen begleitet, ist die Katze weit und breit nicht zu sehen. Appetitlosigkeit kann nicht nur Anzeichen für Stress oder eine Erkrankung sein, eine fehlende Futteraufnahme von mehr als 24 Stunden kann gefährlich sein. Es droht eine Dehydrierung, zudem kann der übermäßige Abbau körpereigener Fettreserven zu einer Ansammlung von Giften in der Leber führen.

ÜBERMÄSSIGER APPETIT

Gleiches gilt, wenn ihre Katze plötzlich alles in sich reinstopft – egal, ob Nass- oder Trockenfutter oder sogar unverdauliche Gegenstände. Letzteres wird im Fachjargon „PICA“ genannt und kann sowohl Ausdruck von Stress als auch einer tieferliegenden körperlichen Erkrankung sein.

ERBRECHEN

Jeder Katzenhalter kennt das Geräusch, wenn die Mieze einen Fellball hervorwürgt. Geht das gelegentliche Erbrechen verschluckter Haare aber in regelmäßige Brechattacken von unverdautem Futter, Schaum oder Mageninhalt über, sollte ein Tierarzt zu Rate gezogen werden.

UNSAUBERKEIT

Katzen gelten als überaus saubere Tiere. Verrichten sie ihr Geschäft plötzlich außerhalb der Katzentoilette, sollte dies Grund zur Sorge sein! Egal, ob es sich dabei um Harnmarkieren mit erhobenem zitterndem Schwanz oder Unsauberkeit handelt: Der erste Weg führt zum Tierarzt, um körperliche Beschwerden wie eine Blasenentzündung, Harnsteine oder tieferliegende Probleme auszuschließen. Ist die Katze kerngesund, kann Unsauberkeit auch Ausdruck von Unsicherheit, Stress oder Problemen in der Katzengruppe sein.

MUNDGERUCH

Riecht der Atem Ihrer Katze faul, ist dies Anzeichen für fehlende Zahnhygiene, kann aber auch auf eine anderweitige Erkrankung hinweisen. Der Tierarzt wird Ihnen nach einer ausgiebigen Untersuchung mehr sagen können.

GEWICHTSSCHWANKUNGEN

Je nach Alter, Jahreszeit und Rasse kann der Futterzustand einer Katze von klapperdürr bis zu pummelig reichen. Idealerweise sollten Sie als Katzenhalter die Rippen Ihres Tieres fühlen, aber nicht sehen können. Diesen idealen Futterzustand erreichen nur wenige Katzen, dennoch ist er umso wichtiger: Als Jäger sind Katzen nicht darauf ausgerichtet, übermäßige Fettpölsterchen mit sich herumzuschleppen. Doch auch fehlende körpereigene Reserven sind alles andere als gesund! Grund zur Sorge haben Sie, wenn Ihre Katze plötzlich ohne sichtbaren Grund ab- oder zunimmt. Bitte sehen Sie auch von Crashdiäten ab, denn das plötzliche Abmagern übergewichtiger Katzen kann zu einer sogenannten „Fettleber“ führen, wenn der Abbau von Fettreserven die Leber überlastet. Ihr Tierarzt sollte hier Ansprechpartner Ihrer Wahl sein!

VERHALTENSAUFFÄLLIGKEITEN

Wenn die ruhige Minka plötzlich aggressiv wird oder der aktive Blacky seine Tage schlafend auf dem Sofa verbringt, liegt etwas im Argen. Verhaltensauffälligkeiten können Ausdruck von Stress aufgrund veränderter Lebensumstände oder einer neuen familiären Situation sein – oder auf eine Erkrankung hinweisen. Sollte sich das Verhalten Ihrer Katze nach zwei Tagen nicht zum Normalen gewendet haben, sollte der erste Gang zum Tierarzt führen! Nur dieser kann nach erforderlicher Diagnostik eventuelle körperliche Ursachen und chronische Schmerzen ausschließen oder gegebenenfalls behandeln.

[a]

[b]

DAS IST *wirklich* WICHTIG

[a] UNBEHAGEN Sie kennen Ihre Katze am besten und spüren oft schon lange vor den ersten eindeutigen Anzeichen, dass etwas nicht stimmt. Vertrauen Sie auf Ihr Bauchgefühl!

[b] MIESE LAUNE? Manchmal werden auch Verhaltensprobleme wie Aggressionen oder Unsauberkeit durch körperliche Beschwerden hervorgerufen.

[a]

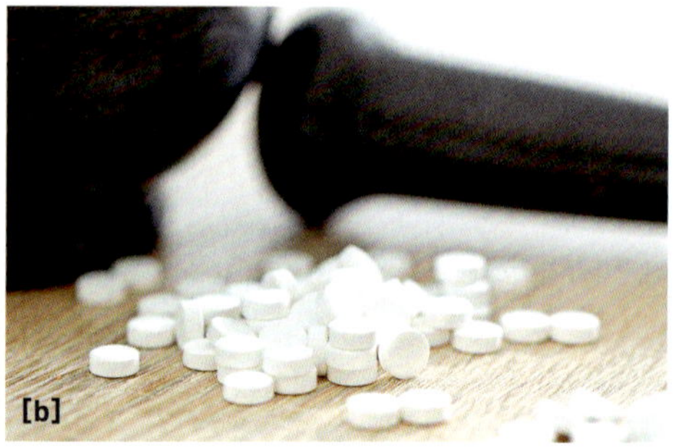

[b]

[c]

DAS IST *wirklich* WICHTIG

[a] VERTRAUEN Der Tierarzt sollte Ihre Katze bei Routineuntersuchungen und im Ernstfall richtig behandeln können. Ein guter Draht zum Veterinär ist darum ein Muss!

[b] ALTERNATIVEN Ernährung, Homöopathie, Chiropraktik: Wie auch in der Humanmedizin haben sich Tierärzte mittlerweile spezialisiert.

[c] ÜBERWEISUNG Nicht jeder Tierarzt kennt sich mit naturheilkundlichen Methoden aus. Er kann Sie aber im Zweifelsfall an einen Spezialisten auf diesem Gebiet weiterleiten.

DR. PERFEKT
Die Suche nach dem richtigen Tierarzt

Hoftierarzt, Kleintierarzt, Veterinäre mit Schwerpunkt Verhaltenstherapie oder Naturheilkunde: Mittlerweile scheint es mehr Spezialärzte für Tiere zu geben als für Menschen. Den richtigen Tierarzt für Sie und Ihre Katze zu finden, kann dadurch besonders einfach werden – oder besonders kompliziert.

TELEFONBUCH, INTERNET UND EMPFEHLUNG

Haben Sie keine besonderen Anforderungen, ist Ihre Katze gesund und möchten Sie nur zu einem Rundum-Gesundheitscheck vorstellig werden, kann die einfache Suche im Telefonbuch oder über das Internet der richtige Weg sein, um einen Tierarzt in Ihrer Nähe zu finden. Wer nicht gleich mit dem ersten Treffer zufrieden ist, kann sich mittlerweile auch auf speziellen Seiten im Internet über die Eignung des jeweiligen Arztes und die Bewertung anderer Tierhalter informieren.
Eine weitere Möglichkeit ist die persönliche Empfehlung eines Bekannten, des Züchters oder des Tierheims. Gerade für Halter einer Rassekatze kann derartiges Empfehlungsmanagement ein großer Vorteil sein: Eventuell hat der jeweilige Veterinär die Katze von klein auf im Züchterhaushalt begleitet, kennt auch die Elterntiere und ist vielleicht sogar mit eventuellen rassespezifischen Gesundheitsproblemen vertraut. Viele Tierheime arbeiten zudem mit ortsansässigen Ärzten zusammen, die in den ersten Wochen nach der Adoption zu vergünstigten Konditionen arbeiten.
In den meisten Fällen gilt: Wer fragt, dem wird geholfen. Auch Wochen oder gar Jahre nach Einzug Ihrer Katze wird Ihnen das Tierheim oder der Katzenzüchter sicherlich gern mit einer Empfehlung behilflich sein!

DER ERSTE EINDRUCK

Sie sind zahlender Kunde, Ihre Katze Patient. Die Chemie muss also in jede Richtung stimmen, der neue Tierarzt sollte sowohl Ihnen sympathisch sein als auch mit Ihrer Katze klarkommen. Falls nicht: Scheuen Sie nicht davor, Ihre Suche fortzusetzen.
Viele Katzen haben dank schlechter Erfahrungen, unangenehmen Pieksen und langen Aufenthalten in der Tierklinik gelernt, Transportkorb, Praxisgeruch und weiß bekittelte Menschen zu meiden und sind beim Praxisbesuch alles andere als entspannt. Scheint Ihr sonst so zutraulicher Stubentiger eine Abneigung gegen den Mediziner zu hegen, muss diese nicht unbedingt Ihrer Entscheidung für einen bestimmten Arzt entgegenstehen! Auch hier gilt wieder: Vertrauen Sie Ihrem gesunden Menschenverstand und Ihrem Bauchgefühl.

SPEZIALISTEN

Auch, wenn die Berufsbezeichnung „Tierarzt" eine Spezialisierung vermuten lässt: Das veterinärmedizinische Studium ist denkbar umfangreich. Es umfasst nicht nur Grundkurse in Anatomie und Physiologie, Studierende müssen auch Praktika in der Landwirtschaft und Tierzucht absolvieren, sich in Parasitologie, Immunologie und Ernährungskunde auskennen. Dazu gehören Pharmakologie, Verhalten, Botanik – und noch viel mehr. Bei der Vielfalt verschiedener Tierarten, die in Zoos und Haushalten leben, geht das veterinärmedizinische Studium vor allem in die Breite. Spezialisieren können sich die zukünftigen Tierärzte erst im Hauptstudium, durch die teilweise sehr begrenzte Auswahl ihrer Praktika und das Thema ihrer Approbation.
Bei dieser Vielfalt kann nicht jeder Hoftierarzt ein Spezialist für Katzenernährung oder eine bestimmte Erkrankung sein. Und nicht jeder Veterinär kennt sich neben der Schulmedizin auch mit naturheilkundlichen oder alternativmedizinischen Behandlungsmethoden aus oder ist Experte auf dem Gebiet der Verhaltensmedizin. In der Regel wird Ihr Tierarzt Sie zu einem Spezialisten weiterleiten, wenn er Ihnen und Ihrer Katze nicht ausreichend helfen kann. Sollte dies nicht der Fall sein: Scheuen Sie sich nicht, im Zweifelsfall eine zweite Meinung einzuholen, wenn Ihnen die Diagnose Ihres Arztes nicht fundiert erscheint oder Sie an seinen Behandlungsmethoden zweifeln.

GRAUE NASEN

Wenn Katzen älter werden

Katzen leben ihr Leben auf Samtpfoten. Sie schleichen sich in unser Herz ein, begleiten uns durch dick und dünn und genauso schnell und leise, wie aus dem Katzenkind eine erwachsene Katze geworden ist, tritt unser vor Kraft strotzender Rabauke ins Seniorenalter ein.

Die Veränderungen kommen schleichend. Wenn ich Fotos meiner Katzen ansehe, bin ich immer wieder überrascht, wie sie zu ausgewachsenen, im Leben stehenden Fellnasen werden konnten, ohne dass ich es bemerkt habe – und erschrecke ein wenig darüber, dass sie eben keine Teenager mehr sind.
Schon im mittleren Erwachsenalter, wenn die Katzenfutterindustrie gern schon von „Senioren" spricht, werden die meisten Katzen ruhiger und gesetzter. Sie sind durchaus fit und im Vollbesitz ihrer Kräfte, verbringen die Zeit aber oft lieber kuschelnd auf dem Sofa, anstatt ihr Revier in Haus und Garten unsicher zu machen. Ihre Katze hat ihren Platz im Leben gefunden und genießt diesen in vollen Zügen – auf Katzenart. Diese Veränderungen sind oft hormoneller Natur, hängen aber auch mit dem erweiterten Erfahrungshorizont des Stubentigers zusammen. Die Vögel vor dem Fenster sind garantiert immer noch interessant, – doch sie lassen sich sowieso nicht fangen. Der Nachbarshund sieht einschüchternd aus, ist aber eigentlich ein ganz Lieber, der Katzen nur aus sicherer Entfernung betrachtet. Im Alter nimmt der Nährstoffbedarf der Katze ab, sie wird vielleicht weniger fressen. Es kann aber auch sein, dass sie ihre bisherigen Ernährungsgewohnheiten beibehält und zunimmt. Darum ist es wichtig, den Ernährungszustand Ihrer Katze im Auge zu behalten. Magert sie ab oder nimmt sie übermäßig zu, sollten Sie sich mit dem Tierarzt kurzschließen. Nicht immer, aber manchmal, sind die Veränderungen medizinischer Natur. Wie bei menschlichen Senioren lässt auch bei Katzen im Alter die Seh- und Hörkraft nach. Eine starke Einschränkung für einen geborenen Jäger! Auch Zivilisationskrankheiten wie Diabetes, Harngries und Harnsteine sind keine Seltenheit.
Sie haben Ihre Katze im Lauf ihres bisherigen gemeinsamen Lebens gut kennenlernen können. Diese Vertrautheit ist ein großer Vorteil dabei, einzuschätzen, ob Ihr Senior tatsächlich nur ruhiger geworden ist oder sich vielleicht eine ernsthafte Erkrankung dahinter verbirgt.

SPEZIALFUTTER FÜR ÄLTERE KATZEN

Sie mögen vielleicht versucht sein, Ihrer älteren Katze etwas Gutes zu tun, indem Sie Ihr spezielle Nahrung für Senioren anbieten. Mit einem reduzierten Phosphor-, Protein- und Energiegehalt sowie erhöhtem Rohfaseranteil sollen diese Futtersorten die ältere Katze fit halten. Für gesunde Senioren sind diese Spezialfuttersorten aber völlig unnötig. Leidet Ihre Katze unter keinerlei Erkrankungen, zu deren Behandlung eine spezielle Diät gehört, können Sie ihr weiterhin das gewohnte Futter anbieten. Seniorfutter kann im Einzelfall sinnvoll sein, in der Regel wird Ihre Katze aber auch mit herkömmlichem, hochwertigem Katzenfutter rundum gesund ernährt! Der kätzische Verdauungstrakt wird im Alter oft sensibler. Versuchen Sie darum, Ihrer Katze eine unnötige Futterumstellung zu ersparen.

FOLGENDE SYMPTOME KÖNNEN ANZEICHEN FÜR EIN MEDIZINISCHES PROBLEM IHRES SENIORS SEIN:

- **Vermehrtes Trinken**
- **Häufiges Aufsuchen der Katzentoilette, ohne Harn abzulassen**
- **Schmerzensschreie beim Besuch der Katzentoilette**
- **Plötzlich auftretende Unsauberkeit**
- **Erbrechen**
- **Starke Abmagerung**
- **Lustlosigkeit**
- **Appetitlosigkeit**
- **Plötzliches Fressen unverdaulicher Gegenstände (PICA)**
- **Unerklärliche Aggressivität oder Schreckhaftigkeit**

DAS IST *wirklich* WICHTIG

[a] ALTERUNGSPROZESS Vom Katzenkind zum Senior: Die Veränderungen kommen schleichend und werden von Katzenhaltern nur selten bemerkt. Dabei ist es gar nicht so dramatisch, wenn Ihre Katze älter wird.

[b] GESUNDHEITS-CHECK Spezielle Vorsorgeuntersuchungen für ältere Katzen können potenzielle Erkrankungen, die im Alter gehäuft auftreten, ausschließen.

[c] SCHWINDENDE SINNE Die Hörkraft lässt im Alter nach. Wundern Sie sich also nicht, wenn Ihre Katze häufiger als gewohnt miaut oder nach Ihnen ruft.

[d] ZAHNSTEIN Vielleicht kann es auch Zeit für eine Zahnsteinbehandlung sein. Ist Ihre Katze gesund, gibt es keinen Grund, die Ernährung Ihres Stubentigers grundlegend umzustellen.

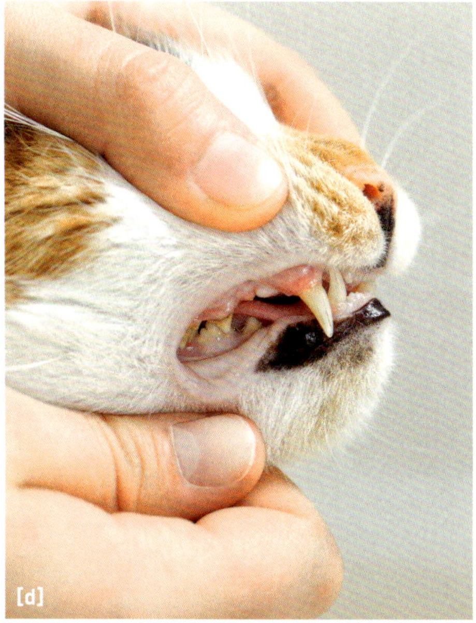

REGENBOGENBRÜCKE

Wenn es Zeit ist, Abschied zu nehmen

Kein Tierfreund möchte daran denken – doch irgendwann ist es Zeit, von der geliebten Katze Abschied zu nehmen. Manche Katzen sterben von allein, anderen sollte man den letzten Liebesdienst erweisen und sie vom Tierarzt erlösen lassen. Ein schwerer Gang für jeden Katzenhalter.

DER ABSCHIED

Egal, welche tröstenden Worte wir finden mögen – wenn der Zeitpunkt gekommen ist, das geliebte Tier gehen zu lassen, kann nichts den Verlust lindern. Sie mögen fünfzig Jahre im Kreise von Katzen verbracht haben, mögen zigmal die Entscheidung getroffen haben, eine alte oder kranke Mieze gehen zu lassen. Dennoch schmerzt es jedes Mal wieder bis ins Unerträgliche.

Auch wenn die Tränen getrocknet sind, begleiten uns unsere Katzen weiterhin auf leisen Pfoten. Als mein Mann und ich unsere Sakura gehen lassen mussten, nur wenige Tage bevor ich dieses Kapitel schrieb, konnte ich ihre Pfoten noch Tage später auf meinen Knien spüren, sobald ich mich an den Schreibtisch setzte. Ich fühle immer noch die flüchtige Berührung von Katzenfell am Bein und erwarte fast, dass sie mit einem leisen Maunzen auf sich aufmerksam macht. Ich sehe sie mit großen Augen bittend vor der Tür zur Abstellkammer stehen – „Hunger!" Ich sehe sie die Treppe herunterflitzen, wenn ich die Tür aufschließe. Ist es nicht interessant, welche Erinnerungen am kraftvollsten sind? Ich weiß, dass leider viele Erinnerungen mit der Zeit verblassen – doch viele bleiben. Wie es sich anfühlt, den Kopf in das Fell meiner Katze Shiela zu vergraben, tief einzuatmen und ihr Schnurren zu hören und zu spüren, weiß ich auch mehr als zehn Jahre nach ihrem Ableben noch ganz genau. So wird es mit jeder Katze sein, auch mit den Sakura-typischen, einnehmenden Schmuseattacken, dem Treteln mit nicht immer eingezogenen Krallen und ihrem warmen Fliegengewicht auf meinen Knien. Der Unterschied ist, dass klitzekleine Freudentränen den brechenden Staudamm der Trauer ersetzt haben. Es hört sich so klischeehaft an, wenn ich schreibe, dass unsere Katzen immer in unseren Herzen bleiben werden. Tatsächlich aber haben sie uns während eines großen und vor allem turbulenten Teils unseres Lebens begleitet und für immer Spuren hinterlassen. Dafür dankbar zu sein ist einfach. Erinnern Sie sich an die schönen Momente mit Ihrer Katze. Lassen Sie die Kittenzeit, falls Sie diese erlebt haben, an sich vorbeiziehen. Lachen Sie über besonders tollpatschige und vielleicht nervige Eigenheiten. Und tun Sie vor allem eins: Trauern Sie. Der Tod mag zwar zum Leben gehören, aber genauso gehört die Zeit nach dem Verlust eines geliebten Familienmitgliedes dazu. Nehmen Sie sich die Zeit, die Sie brauchen – in jeglicher Hinsicht. Hören Sie auf Ihr Herz.

GEDENKSTÄTTEN

Es gibt heute viele Möglichkeiten, dem geliebten Tier ein Denkmal zu errichten: Mit dem Grab im eigenen Garten oder auf einem Tierfriedhof, einer Feuerbestattung und mittlerweile auch einer Gedenkstätte auf einem „Virtuellen Tierfriedhof" im Internet. Wählen Sie die Art und Weise, die Ihnen richtig erscheint.

DIE REGENBOGENBRÜCKE **In der germanischen Mythologie bezeichnet die Regenbogenbrücke „Bifröst" die Verbindung zwischen Erde und Himmel. Vielen Tierfreunden bietet der Gedanke, dass ihr geliebtes Tier über diese Brücke ins Regenbogenland eingetreten ist, auch heute noch Trost in Zeiten der Trauer.**

CATWALK UND KLETTERBAUM

Die katzengerechte Abenteuerwohnung

„Ich liebe die Katzen, weil ich mein Heim genieße und sie nach einer Weile dessen sichtbare Seele werden.“ (Jean Cocteau)

TRAUMHAUS *aus Katzensicht*

Menschen sind keine Katzen – und Katzen keine Menschen. Eine geschmackvoll eingerichtete Wohnung, in der wir uns gleich wohlfühlen, kann darum absolut ungeeignet für unsere Katze sein, ein chaotisches Haus hingegen ein wahres Katzenparadies.

Doch keine Angst: Es gibt durchaus einen Mittelweg. Um Ihrer Katze ein artgerechtes Zuhause zu bieten, müssen Sie sich weder mit abgewetzten Kratzbäumen und vollgehaarten Katzendecken umgeben, noch jeglichen guten Geschmack abgeben.

JAGEN UND SPIELEN

Die Welt frei lebender Katzen ist denkbar einfach und doch abwechslungsreich. Steht nicht pünktlich zur Fütterungszeit ein gut gefüllter Napf bereit, befindet sie sich den Großteil des Tages auf der Pirsch. Die Beutetiere der Kleinkatze sind oft mehr Zwischenmahlzeit als ausgedehntes Abendessen, darum jagen auch satte Katzen. Schließlich ist die stundenlange Geduld des Schleichjägers nicht immer von Erfolg gekrönt ... Bei der Jagd geht es über Stock und Stein, es wird geklettert und gelauscht, nach Insekten gehascht und Vögeln aufgelauert, vielleicht werden auch größere Jäger umgangen oder Artgenossen aus dem Revier verjagt – ein perfektes Rundum-Fitnessprogramm!

DER RUHEPLATZ

Befindet sie sich nicht auf der Jagd, verbringt die Europäische Wildkatze, ein Vetter unserer Hauskatzen, ihre Ruhezeit in kleinen Verstecken wie Baumhöhlen oder verlassenen Dachsbauten. Das lässt sich sogar in Zahlen ausdrücken: Wissenschaftliche Untersuchungen haben ergeben, dass sich die Ruheplätze der Europäischen Wildkatze zu 77,6 Prozent am Boden befinden – davon aber zu 35 Prozent im Dickicht, zu 12,9 Prozent in Reisighaufen. 9,5 Prozent ihrer Zeit verbringt die Katze in Baumhöhlen oder auf dem Baum, 12,9 Prozent in Erdbauten wie verlassenen Dachshöhlen.

Dass Kleinkatzen im Gegensatz zu Großkatzen wie Löwen nicht offen ruhen hat einen guten Grund: Sie sind anderen Jägern wie Füchsen, Wölfen oder großen Raubvögeln körperlich unterlegen. Auch wenn unsere Hauskatzen nicht in freier Wildnis leben, lässt ihr Instinkt sie dennoch sichere, oft versteckte Schlafplätze aufsuchen.

VON DER WILDNIS IN DIE WOHNUNG

All diese Aktivitäten, die den Alltag von Wildkatzen bestimmen, sollten auch in der Wohnung möglich sein. Schließlich sind unsere Katzen im Inneren immer noch kleine Jäger. Ihre Instinkte entsprechen trotz festen Fütterungszeiten und Stammbaum genau denen ihrer wilden Verwandten und Vorfahren! Klettern, Jagen, Spielen, Verstecken und Neues entdecken sind Grundbedürfnisse jeder Wohnungskatze. Sie braucht Versteckmöglichkeiten und eine gemütliche Höhle, die auch als Schlafplatz dienen kann. Besonders wichtig ist auch die dritte Dimension: Katzen lieben es, das Geschehen von oben herab betrachten zu können. Aussichtsplattformen wie die eines Kratzbaumes oder der Kleiderschrank bieten ihnen die Möglichkeit, ihre Umgebung in sicherer Höhe im Blick zu behalten.

Egal, wie klein die Wohnung ist: Vereint Sie all diese Elemente, bieten Sie Ihrer Katze eine artgerechte Traumwohnung!

[a]

DAS IST *wirklich* WICHTIG

[a] KATZENLEBEN Was macht die Katze draußen? Sie lauert, klettert, jagt, döst in der Sonne, schmust oder streitet mit anderen Katzen. Wenn Sie Ihre Wohnung in ein typisches Katzenrevier mit Kletter- und Kratzmöglichkeiten, Verstecken und Aussichtspunkten verwandeln, kommen Sie Ihrer Katze schon sehr entgegen.

[b] ABWECHSLUNG Tolle Spiele, ein Kumpel zum Kuscheln und Raufen, ein Sonnenplatz und leckeres Futter erfüllen eine Wohnungskatze – auch ohne Wildnis und Bauernhof-Flair.

[b]

[a]

DAS IST *wirklich* WICHTIG

[a] HÖHLENFORSCHER Katzen lieben es, sich zu verstecken. So eine Höhle hat etwas Gemütliches und bietet sich zudem zum Spielen und Toben an.

[b] ZIMMER MIT AUSSICHT Dem Blick aus dem Fenster kann keine Katze widerstehen. Kein Wunder, geht auf der anderen Seite der Glasscheibe doch eine Menge vor sich! Sozusagen Katzenkino mit Sitzheizung.

[b]

DIE KATZENWOHNUNG

Das braucht meine Katze

Die Wildnis in die Wohnung bringen, um artspezifische Bedürfnisse des Kleinjägers Katze zu befriedigen: Das klingt aufwendiger, als es ist. Mit dieser Übersicht kreieren Sie das ultimative Katzenparadies auf kleinstem Raum, ohne sich selbst einschränken zu müssen!

VERSTECKMÖGLICHKEITEN

Höhlen werden nicht nur zum Schläfchen zwischendurch, sondern auch zum Spielen und Bunkern von Spielzeug genutzt. Bieten Sie Ihrer Katze offene Pappkartons, die Sie mit einer weichen Decke auspolstern können, Weidenkörbe, offene Schubladen oder auch den Transportkorb an.

RUHEPLATZ

Zum Schlafen müssen sich Katzen rundum sicher fühlen. Nicht immer hat der Mensch ein Mitspracherecht, welcher Ruheplatz aus Katzensicht besonders fürs Nickerchen geeignet ist. Bettdecke, Schreibtischstuhl, Wäschekorb oder sogar das eigens angeschaffte Körbchen: Wo fühlt sich Ihre Katze besonders wohl?

AUSSICHTSPLATTFORM

Katzen haben gern den Überblick und lieben es, die Welt aus sicherer Höhe zu betrachten. Dazu eignet sich nicht nur ein deckenhoher Kratzbaum, sondern auch ein mit einer Katzentreppe versehener Kleiderschrank. Die Fensterbank ist zum Lieblingsplatz vieler Katzen geworden: Hier hat man nicht nur das eigene Revier fest im Blick, sondern auch die Außenwelt.

KRATZMÖGLICHKEITEN

Kratzen dient nicht nur zum Schärfen der Krallen, es ist durch die Verteilung körpereigener Wohlfühlhormone auch ein wichtiges Kommunikationsmittel. Katzen müssen kratzen. Die Frage ist nur, wo ... Bieten Sie Ihrer Katze darum eine artgerechte Kratzmöglichkeit in Form eines Kratzbrettes oder Kratzbaums und sorgen Sie mit horizontaler und vertikaler Ausrichtung für Abwechslung – dann sind Ihre Möbel vor Kratzattacken sicher!

SPIEL- UND KLETTERMÖGLICHKEITEN

In freier Wildbahn ist die Katze den Großteil des Tages in Aktion. Das bequeme Leben in menschlicher Obhut kann so schon einmal zu Langeweile führen. Schließlich ist unser Kleinjäger es gewohnt, rund um die Uhr gefordert zu werden! Damit auch Hauskatzen körperlich und geistig fit und von der großen Langeweile verschont bleiben, sollte die ideale Katzenwohnung auch vielfältige Möglichkeiten zum Spielen und Klettern beinhalten. Viele Kratzbäume bieten mit verschiedenen Aussichtsplattformen auch Gelegenheit zum Klettern und Erkunden. Wer handwerklich begabt ist, kann seiner Katze eine Katzentreppe bauen oder einfache, mit Sisal bezogene Regalbretter zu einer katzengerechten Kletterwand gestalten. Der Fantasie sind keine Grenzen gesetzt.

STILLE ÖRTCHEN

Futterplatz und Katzentoilette

Wer möchte nicht gern in Ruhe essen? Und wer bevorzugt nicht ein stilles Örtchen? Was für Menschen gilt, gilt auch für Katzen: Sie stellen besondere Anforderungen an Futterplatz und Katzentoilette, wobei die Ungestörtheit im Vordergrund steht!

DER RICHTIGE FUTTERPLATZ

Ein Napf für Futter, einer für Wasser, ein wasserfestes Tablett – fertig? Manchmal ist es damit getan, manchmal auch nicht. Verzieht sich Ihre Katze regelmäßig mit einem Maul voll Futter unters Sofa oder unter den Küchentisch, um in Ruhe zu fressen, ist das Signal klar: Ein neuer Fressplatz muss her.

Als solitärer Jäger fressen Katzen mit Vorliebe in Frieden, fernab von potenziellen Jägern oder Artgenossen – der Futterplatz unserer Stubentiger sollte sich daher ebenfalls an einem ruhigen Ort befinden. Ideal ist beispielsweise eine ungenutzte Küchenecke, weit weg von Katzentoilette, Durchgangsverkehr und spielenden Familienmitgliedern.

EIN ORT ZUM VERSCHARREN

Katzen sind saubere Tiere und eine Katzentoilette ein Muss in jedem Katzenhaushalt. Im Zoofachhandel wird Streu in klumpender Betonit-Form, als natürliches Holzprodukt oder saugfähige, nicht klumpende Streu angeboten. Mit welcher Streu Sie und Ihre Katze sich besonders wohl fühlen, hängt von Ihren persönlichen Vorlieben ab. Auch Katzentoiletten sind in fast jeder Größe und Form zu finden. Hier gilt: Je größer, desto besser. Katzen verscharren ihre Hinterlassenschaften. Bieten Sie Ihrer Katze darum die Möglichkeit, zu graben und zu buddeln, ohne gleich jegliche Streu aus der Katzentoilette auf den Boden zu befördern. Je nach Alter und Größe der Katze kann ein tieferer Einstieg bei höheren Katzentoiletten-Rändern von Vorteil sein.

STILLES ÖRTCHEN – ABER SICHER!

Der Kleinjäger Katze ist auch ein Beutetier und sollte sich beim Besuch des stillen Örtchens rundum wohl und sicher fühlen. Eine Haubentoilette kann hier von Nachteil sein: Sie verbirgt zwar eventuelle Hinterlassenschaften vor sensiblen Menschenaugen, die Katze kann aber durch Versperren des Einganges von einem Artgenossen auch am Besuch oder Verlassen des Katzenklos gehindert werden. Zudem ist die Geruchsentwicklung unter der Haube für die empfindliche Katzennase eine Zumutung, sodass heikle Tiere den Ort lieber meiden. Auch die Platzierung der Katzentoilette ist eine sensible Angelegenheit. Nicht nur sollte sie weit genug vom Fressplatz entfernt sein, um keinerlei Düfte herüberwehen zu lassen, sondern sich auch an einem ruhigen, aber jederzeit gut erreichbaren Ort befinden. Da Katzen gern Urin und Kot getrennt absetzen, sind zwei räumlich voneinander getrennte WCs zu empfehlen.

Zudem sollte jede weitere Katze auch ein weiteres Klo bekommen. Sprich: Zwei Katzen drei Toiletten, drei Tiere vier WCs usw. Stehen genügend Ressourcen zur Verfügung, kommt es im Mehrkatzenhaushalt deutlich seltener zu Streit. Mehr Informationen finden Sie im letzten Kapitel!

[a]

DAS IST *wirklich* WICHTIG

[a] GUTEN APPETIT In Ruhe dinieren – wer mag das nicht? In freier Natur fressen Katzen nur an sicheren, ruhigen Plätzen. Auch wenn sie in menschlicher Obhut keine natürlichen Fressfeinde fürchten müssen, sollte sich der Futterplatz an einem ruhigen Ort befinden.

[b] ABGESCHIEDEN Das Gleiche gilt für die Katzentoilette. Fühlt sich die Katze sicher, wird sie auch in Ruhe ihr Geschäft verrichten. Zudem sollte das Klo groß genug, ausreichend mit Streu befüllt und sauber sein.

[b]

MIT STIL
Richtung Katzenparadies

Sehen Sie sich schon von Kratzbäumen umgeben und Ihre Wohnung mit leeren Pappkisten, Spielzeug und riesigen Katzentoiletten verschandelt? Keine Angst: Auch stilbewusste Tierfreunde können Ihrer Katze ein artgerechtes Paradies bieten.

DIE KATZE IM FOKUS

Für Katzen ist es völlig unerheblich, ob ihr Kratzbaum aus rosa Plüsch oder braunem Cord besteht. Was zählt, ist die Möglichkeit, zu klettern und Kratzspuren zu hinterlassen. Auch die Farbwahl des Schlafkissens ist für unsere Stubentiger unwichtig. Umso wichtiger ist, dass es an einem ruhigen Ort steht, an dem sich die Mieze sicher fühlen kann. Viele Katzen bevorzugen nicht ohne Grund Regalfächer, um ein Nickerchen zu machen… Das bedeutet auch, dass wir völlige Gestaltungsfreiheit haben, solange die Bedürfnisse unserer Katze befriedigt werden. Der Stubentiger sollte im Fokus stehen, doch davon abgesehen dürfen Sie entscheiden, ob Sie ein einfach zu reinigendes Plastiktablett als Futterunterlage wählen oder die stilvollere Echtholzplatte.

KREATIVES BASTELN

Wer eine konkrete Vorstellung davon hat, wie der Traumkratzbaum aussehen soll oder in welchem Bettchen die Katze schlummern darf, hat es oft sehr schwer, den richtigen Artikel zu finden. Sind Sie jedoch handwerklich begabt und können Ihre überschäumenden Ideen mit ein wenig Tatkraft und Geschick in die Realität umsetzen, haben Sie den Gestaltungs-Jackpot geknackt! Kleinere Spielzeuge wie Katzenminze-Kissen oder Wollfilz-Bälle sind schnell und leicht umzusetzen, ein durchdachter Katzenbalkon oder ein Katzenbett aus Echtholz benötigen schon etwas mehr Aufwand und Geduld. Im Spiele-Kapitel finden Sie einige Ideen für einfaches Katzenspielzeug – sind Sie auf den Geschmack gekommen, sind der Kreativität keine Grenzen gesetzt! Im Internet und einschlägigen Magazinen finden Sie viele Ideen zum Selbstbauen. Vielleicht schwirrt Ihnen aber auch schon eine genaue Bauidee im Kopf herum? Nur zu: Greifen Sie zu Holz, Hammer und allem, was Sie sonst noch brauchen, um Ihre Ideen umzusetzen. Selbst wenn der erste Versuch nicht Ihren Vorstellungen entspricht, werden Sie nach und nach besser werden und Ihr Werk bald mit Stolz betrachten können!

GROSSEINKAUF IM INTERNET

Katzenfutter, Kratzbaum oder Luxusartikel: Der Einkauf im Internet gehört mittlerweile zum Alltag. Mag die Auswahl an Katzenbetten, Futterstationen und Spielzeug im hiesigen Tierbedarfshandel nicht Ihrem Geschmack entsprechen, können Sie sich online zu Ihrem Traumzubehör durchklicken. Um sicherzugehen, dass Ihr präferierter Online-Shop auch das hält, was die repräsentative Internetseite verspricht, sollten Sie auf ein aussagekräftiges Impressum mit allen Daten des Händlers, einer Postanschrift sowie einer Telefonnummer für eventuelle Fragen zur Bestellung achten. Kauf gegen Rechnung ist nur noch selten möglich, Zahlungsdienste wie PayPal bieten aber ein gewisses Maß an Sicherheit. Empfehlungen anderer Katzenfreunde sind auch ein guter Richtwert!

EINE FRAGE DER SICHERHEIT

Egal, ob es um selbst gebautes Katzenzubehör geht oder um einen Einkauf im teuren Fachgeschäft: Ihre Katze sollte in jedem Fall sicher schlummern, spielen, kratzen und klettern können. Verschluckbare Kleinteile gehören genauso wenig in Katzenpfoten wie lose Schnurenden, die verschluckt werden oder sich um Extremitäten wickeln können. Auch bei schön anzusehenden und bei Katzen so beliebten Federn sollten Sie Vorsicht walten lassen: Diese sind oft chemisch gefärbt. Greifen Sie lieber auf unbehandelte Produkte zurück.

EIN ZUHAUSE ZUM WOHLFÜHLEN

Egal, für welche Katzenmöbel Sie sich entscheiden, ob Ihr Zuhause von einem deckenhohen Echtholzkratzbaum gekrönt wird oder Sie und Ihre Katze vielfältige Kratzmöglichkeiten in jedem Raum bevorzugen: Nicht nur Ihre Katze sollte sich in Ihrer Wohnung wohlfühlen, auch Sie sind dort zu Hause. Gestalten Sie Ihr Zuhause so, dass es der ganzen Familie und der Katze gefällt!

CATWALKS

Ideen zum Basteln oder Bestellen

Sie möchten eine individuelle Wohnung für Ihre Katze und sich gestalten, Ihnen mangelt es aber an Ideen? Keine Angst: Hier finden Sie ein paar Vorschläge, die Ihre Fantasie anregen werden!

KLETTERREGAL UND CATWALK

Eine große Wohnung ist nicht alles! Über die „dritte Dimension" der Wohnraumgestaltung kann man seiner Katze jede Menge Kletter-, Kratz- und Turnmöglichkeiten bieten. Sie haben eine modern eingerichtete Wohnung, in die nicht unbedingt ein deckenhoher Kratzbaum passt und möchten Ihrer Katze dennoch eine artgerechte Kratz- und Klettermöglichkeit bieten, die in Ihre Wohnlandschaft passt? Kein Problem – Ihre eigene Kletterwand können Sie auch ganz modern nach Ihren Wünschen gestalten! Dazu benötigen Sie Regalbretter, die in fast jedem Möbelhaus zu erhalten sind, Schlagbohrmaschine, Akkuschrauber, Hammer, Schere oder Teppichmesser, Wasserwaage, Zollstock sowie Schrauben und Dübel je nach Wandbeschaffenheit. Gerade bei frei schwebenden Regalen sollte auf eine ausreichende Schraubenlänge und passende Dübel geachtet werden – denn selbst wenn die Katze nur drei Kilogramm wiegt, kann sie beim Sprung mit einer ungeahnten Kraft auf das Regalbrett einwirken! Um Regalbretter rutschsicher zu gestalten, kann man Sisalteppich darauf befestigen – mit Heißkleber funktioniert dies am besten.
Skizzieren Sie die Wand, an der Sie die Kletterwand anbringen möchten, maßstabsgerecht und zeichnen Sie die Regalbretter ein. So erhalten Sie eine Vorstellung davon, wie Sie Ihre Wand gestalten möchten und bleiben von bösen Überraschungen verschont. Für eine erwachsene Katze sollten überlappende Regalbretter mindestens 40 cm Abstand haben. Der ideale Höhenabstand zweier Regalbretter beträgt 40 bis 50 cm. Nun geht es los: Damit die Katze auf den Regalbrettern Halt findet, beziehen Sie diese an der Oberseite mit Sisal-Teppich, den Sie in verschiedenen Farben passend zu Ihrer restlichen Einrichtung wählen können. Haben Sie alle Regalbretter entsprechend bespannt, geht es an das Montieren. Je nach Wandbeschaffenheit und Hersteller müssen die Regale auf verschiedene Art installiert werden – vertrauen Sie hier auf die Anleitung!
Sie haben zwei linke Hände, keine Zeit oder keine Lust zum Basteln? Macht nichts. Im Internet gibt es Firmen, die individuelle Catwalks und Kratzbäume für jeden Haushalt und jeden Geschmack anfertigen.

FITNESSSTUDIO FÜR STUBENTIGER

Stühle, Tische, ein Sofa und einen Schreibtisch: Mehr braucht es nicht, um Ihre Umgebung zu einem Fitnessstudio für Stubentiger umzugestalten. Diese Möbel befinden sich bereits in Ihrer Wohnung? Dann kann es gleich losgehen!
Schleckermäuler suchen für ihr Leben gern verstecktes Trockenfutter, dafür springen Sie auch schon einmal von Stuhl zu Stuhl oder schubsen leere Toilettenpapierrollen, die Sie auf den Schreibtisch gestellt haben, um. Manche Fellnasen benötigen eine Fährte aus Trockenfutter, um auf den Geschmack zu kommen – erhöhen Sie den Abstand nach und nach und ziehen Sie die Leckerlis von der täglichen Gesamtfuttermenge ab. Bei aktiveren Naturen reicht das Lieblingsspielzeug oder eine Spielangel, die direkt vor ihre Nase gehalten und bewegt wird. Wer Erfahrung mit Clicker- oder Targettraining hat, kann auch diese Methoden nutzen, um seine Katze zu motivieren und zu belohnen. Ziel ist es, die Katze zum Erklettern, Erspringen, Überspringen und Erkunden der Landschaft zu motivieren.

OASE ZUM KUSCHELN UND GENIESSEN

Wie wäre es mit einer Kuschelecke? Katzen lieben verschiedene Texturen und ein Wirrwarr verschiedener Kissen und Farben wirkt auch auf uns Menschen einladend. Warum machen Sie sich das nicht zunutze und gestalten Ihre persönliche Wohlfühloase für Lese-, Fernseh- und Kuschelstunden? Eine in einer ruhigen Zimmerecke ausgebreitete Decke oder ein übergroßes Sofa wird mit vielen kuscheligen Kissen und Decken ausgestattet. Doch wundern Sie sich nicht:
Bei der Farb- und Materialwahl haben Sie vielleicht das Sagen, doch Ihre Katze wird entscheiden, wo ihr favorisierter Liegeplatz sein wird und wo noch ein wenig Platz für menschliche Gesellschaft übrig bleibt. Nun ist es Zeit zu genießen: Füße hochlegen, Buch aufschlagen und ausruhen. Natürlich mit Katze auf dem Schoß, die schnurrend vor sich hin döst.

[a]

DAS IST *wirklich* WICHTIG

[a] KLETTERPARADIES Kratzbaum, Catwalk, Klettergarten – hier fühlen sich Katze und Mensch wohl: Diese Wohnung ist ein wahres Fitnessstudio für Stubentiger, das auch noch schön anzusehen ist. www.goldtatze.de

[b] ABHÄNGEN Zeit zum Kuscheln: Katzen lieben verschiedene Texturen und weiche Materialien. Körbe, die hoch oben angebracht sind, bieten Rückzug und Aussicht in einem.

[c] AUFPEPPEN Nimmt die Katze die Kuschelecke nicht gleich an, kann sie mit Katzenminze aufgewertet werden. Doch das ist meistens nicht nötig.

[b]

[c]

DIE SCHÖNSTEN SPIELE

Plüschmaus, Pingpong und Blätterkiste

„Wenn ich mit meiner Katze spiele, wer kann da sagen wer zu wessen Belustigung dient?“ (Michele de Montaigne)

KLEINE JÄGER

Warum Katzen spielen

Die natürliche Umgebung frei lebender Katzen bietet täglich neue Herausforderungen. Dagegen wirkt der Alltag von Wohnungskatzen öde ... Wer regelmäßig mit seiner Katze spielt, wird sie fordern und fördern, mit neuen Aufgaben vertraut machen und dabei ihren Geist und Körper trainieren! Auch wenn wir es manchmal vergessen: Unsere zahme Hauskatze ist im Inneren ein Raubtier, mit allen Instinkten ausgestattet, um das Leben in freier Natur zu meistern.

INSTINKT

Frei lebende Katzen sind einen Großteil ihrer wachen Zeit auf der Pirsch. In mageren Zeiten verbringen Wildkatzen mehr als zehn Stunden pro Tag damit, Kleinsäuger ausfindig zu machen. Ein leises Fiepen reicht, um sie aufmerksam werden zu lassen, ein Flügelflattern im Gebüsch sorgt dafür, dass das instinktive Jagdverhalten abgespielt wird: Das Lauern, Heranpirschen und Beobachten der Beute nimmt einen Großteil des Jagdprozesses ein – unsere Katzen zeigen hier eine außergewöhnliche Geduld und Konzentrationsfähigkeit! Ist der Zeitpunkt gekommen, verlagert die Katze ihr Gewicht auf die kräftigen Hinterbeine, springt los – und tötet das Opfer mit einem gezielten Genickbiss.

SNACK STATT GROSSE MAHLZEIT

Katzen jagen allein, denn ihre Beute ist mehr Zwischenmahlzeit als Vier-Gänge-Menü. Von einer Maus allein wird keine Katze satt – darum hat die Natur dafür gesorgt, dass auch satte Katzen jagen. Wer weiß, wann es wieder etwas gibt ... Verspüren Katzen keinen Appetit, spielen sie mit ihrer Beute. Was uns wie reine Verschwendung erscheinen mag, hat durchaus einen Sinn: Frei lebende Katzen können nicht darauf bauen, in wenigen Stunden wieder einer Maus über den Weg zu laufen und nicht jeder Vogel, den sie eine halbe Stunde lang geduldig beobachtet haben, um den richtigen Moment für den Absprung abzuwarten, wird tatsächlich gefangen.

TRAINING

Spielen hat einen großen Fitnesswert: Bewegung hält die starken Sehnen, Muskeln und Gelenke des Katzenkörpers beweglich. Das ist besonders für Jungkatzen wichtig: Damit sich aus dem kleinen Kätzchen, das sich von Muttermilch ernährt, ein ausgewachsener Jäger entwickelt, müssen all diese Muskeln trainiert und gestählt werden. Doch Spielen hat nicht nur einen physischen Wert, sondern auch einen psychologischen: Die Katze lernt den richtigen Umgang mit ihrer Beute, opimiert die Jagdtechnik und vor allem das Bewusstsein, dass sie schneller ist und schneller sein muss, um einen Jagderfolg zu erzielen.

[a]

[b]

[c]

[d]

DAS IST *wirklich* WICHTIG

[a] ABLÄUFE DER JAGD Katzen jagen nach einem bestimmten Muster. Erst wird die Beute geortet. Meistens nehmen die Katzen ein Rascheln oder das Piepsen der Mäuse wahr.

[b] AUFLAUERN Katzen verharren oft sehr geduldig vor dem Mauseloch, bis die Beute endlich auftaucht. Dabei sind sie gespannt wie ein Flitzebogen.

[c] MÄUSELSPRUNG Taucht die Beute auf, schleicht die Katze vorsichtig näher. Dann springt sie in die Höhe, packt die Maus mit den Pfoten und setzt zum Nackenbiss an.

[d] JAGDSPIELE Spielen ist nicht nur eine Möglichkeit, um die eigene Jagdtechnik zu verbessern, sondern hilft Wohnungskatzen, Dampf abzulassen.

[a]

DAS IST *wirklich* WICHTIG

[a] TRAINING Wer braucht schon eine lebende Maus? Eine Federangel tut es notfalls auch.

[b] GEFÄHRLICHER TIGER Fangen, haschen, erlegen: Welches Kätzchen fühlt sich hier nicht schon „ganz groß"?

[c] JÄGER BLEIBT JÄGER Egal, ob Katzenkinder im Wald, auf dem Bauernhof oder in einem behüteten Züchterhaushalt groß werden: Der Instinkt ist da.

[d] SPIELEN GEHT IMMER! Doch nicht nur Katzenkinder freuen sich, ausgelassen spielen zu dürfen! Regelmäßige Spieleinheiten lasten auch erwachsene Katzen und Senioren aus.

[b]

[c]

[d]

SURVIVAL-TRAINING
schon für die Kleinen

Katzenkinder werden von Kindesbeinen an darauf trainiert, sich im Ernstfall selbst ernähren zu können. Dazu bringt die Katzenmutter lebendige Beute ins Nest und zeigt den Jungen, wie man sie am besten erlegt. Natürlich üben die Kätzchen auch spielerisch: Geschwister belauern, Angriff und Schwanz gefangen!

LERNEN

Das Jagdtraining beginnt schon früh im Katzenleben: Damit Kätzchen die Scheu vor der natürlichen Beute verlieren und eines Tages selbstständig jagen können, bringen frei lebende Katzenmütter erst erlegte und später lebendige Beutetiere ins Nest. Letztere werden oft vor Augen der Katzenkinder gejagt und erlegt – auch, wenn uns dieser Prozess unmenschlich erscheinen mag, bereitet dieses Verhalten die Jungkatzen auf den Alltag eines Jägers vor.
Im Haus lebende Katzen haben selten die Möglichkeit, ihren Kitten lebendige Nahrung zu präsentieren. Auch im Haus aufgewachsene Tiere ohne Zugang zu Beutetieren jagen – denn Jagen wurde unseren Katzen in die Wiege gelegt. Dabei ist unerheblich, ob diese im Wald, auf dem Heuboden oder im Züchterhaushalt steht – der Instinkt ist da. Allerdings entwickeln viele dieser Tiere eine Beißhemmung, sobald sie Zugang zum Freien haben und mit „realer" Beute in Kontakt kommen. Des Nackenbisses unfähig „spielen" sie ihre Beute oft zu Tode – nicht aus Grausamkeit, sondern aus Unwissen. Schimpfen Sie darum nicht, wenn Ihre Freigängerkatze lebende Beute mit nach Hause bringt und auf scheinbar grausame Weise mit ihr spielt. Sie tut nur, was ihr Instinkt ihr sagt!

SOZIALE RANGELEIEN

Beobachtet man einen Wurf Jungkatzen, scheinen diese ihre Zeit vor allem mit Schlafen, Fressen – und Spielen zu verbringen, vorwiegend miteinander. Kleine Rangeleien ermöglichen Jungkatzen, soziales Verhalten auszuprobieren und zu erlernen. Revierverhalten, Dominanz, Unterwerfung und Verteidigung gewinnen im Erwachsenenalter an Bedeutung – hier können all diese Abläufe spielerisch erprobt und gefestigt werden.

AUSLASTEN

Ihre Natur ermöglicht es Katzen, sich blitzschnell auf neue Situationen einzustellen und zu reagieren. Was in der freien Natur überlebenswichtig ist, kann beim eher langweiligen Alltag einer Hauskatze jedoch zum Bumerang werden ... Katzen, die weder gefordert, noch gefördert werden, sind oft chronisch gelangweilt. Schließlich hält Spielen nicht nur den Körper fit, sondern auch den Geist! Regelmäßiges Spielen sorgt dafür, dass unsere Katzen trotz regelmäßiger Futterzeiten und einem warmen Ruhekissen noch eines sein dürfen: Katzen. Auch Ihre ältere Katze profitiert davon, sich Herausforderungen zu stellen. Bringen Sie darum immer neues Spielzeug ins Haus, fördern Sie Ihren eher verfressenen Kater dadurch, dass er sich sein Futter mit einem Futterball „erarbeiten" oder Trockenfutter aus einem Pappkarton mit Löchern herausfischen muss. Und auch Ihr bewegungsscheu gewordener Senior freut sich sicherlich über das kurze Spiel mit der neuartigen Katzenangel!

WIE KATZEN SPIELEN

Rangelei mit Fitnesseffekt

Egal, ob Raufbold oder Prinzessin: Das Spiel unserer Hauskatzen ist dem natürlichen Jagdverhalten und dem Sozialspiel nachempfunden.

MEHR ALS NUR UNTERHALTUNG

Spielen ist ein kreativer Prozess. Unsere Katze lässt sich mitreißen, sie verwandelt sich in eine rasante Jägerin, einen furchtlosen Krieger oder auch einmal in den Gejagten. Im Spiel wird sie sich vorsichtig an die vermeintliche Beute heranpirschen, sich auf leisen Sohlen anschleichen, verharren und dann aus dem Hinterhalt zuschlagen. Seitwärtsschritte gehören genauso zum Spiel wie ein intensives Putzen der Beute und ein hoher Wurf in die Luft. Dies alles sind abgewandelte Verhaltensweisen, die unsere Katzen auch bei der Jagd zeigen. Dieses Rollenspiel aktiviert unterschiedliche Gehirnregionen, regt das Wachstum neuronaler Verbindungen an und gibt ihnen die geistige und körperliche Fitness, im Ernstfall richtig und schnell reagieren zu können.
Am Ende der erfolgreichen Jagd steht die Belohnung. Auch Hauskatzen sollten die Möglichkeit haben, ihre Spieleinheit mit einem Erfolgserlebnis zu verknüpfen. Das muss nicht unbedingt ein Leckerli sein! Ein paar Minuten allein mit der vermeintlichen Beute, der Spielangel oder der Fellmaus sind die beste Motivation, die Sie Ihrer Katze für weitere Spieleinheiten geben können. Apropos: Die so beliebten Laserpointer eignen sich nicht als Katzenspielzeug. Der direkte Blick in den Lichtstrahl ist nicht nur gefährlich, auch der Jagderfolg am Ende des Spiels bleibt aus. Schließlich kann die Katze den roten Lichtpunkt nie fangen, egal, wie sehr sie sich anstrengt.

SPIEL MIT ARTGENOSSEN

Im Mehrkatzenhaushalt gehört das Sozialspiel zur Notwendigkeit. Katzen etablieren keine absolute Rangordnung, je nach Zeit, Ort und Tagesform kann entweder Mikesch das Sagen haben oder Shiela. Auch in harmonischeren Katzenhaushalten kommt es darum zu freundlichen Rangeleien. Das ist gut so: Denn selbst wenn sie dem Nest entwachsen sind, trainieren Katzen im Spiel mit Artgenossen nicht nur Körper und Geist, sondern auch ihre sozialen Fähigkeiten.

SPIEL MIT DEM MENSCHEN

Auch als Katzenfreunde können wir unsere Katze geistig und körperlich fördern, indem wir immer wieder mit ihr spielen, bekannte Spielmuster abwandeln und neue Spielzeuge ins Spiel bringen. Sich wiederholt mit den zwei bekannten Spielzeugen zu beschäftigen, wird auf Dauer langweilig. Bringen Sie stattdessen neuartige Objekte ins Spiel! Das kann ein Kugelschreiber sein, ein Ball aus Papier oder eine Decke, unter der Sie eine alte Spielmaus versteckt haben. Erwecken Sie das Spielzeug zum Leben: Es huscht über den Teppich, lugt um die Ecke, um anschließend wieder rasant zu verschwinden. Hier sind Ihrer Fantasie keine Grenzen gesetzt!

DAS SPIEL MIT DEM UNERWARTETEN

Apropos: Katzen lieben das Spiel mit dem Zufall und dem Unerwarteten. Sie lieben es, überrascht zu werden. Was versteckt sich denn da unter dem Kissen? Bewegt sich etwas hinter der Tischdecke? Mit geringem Aufwand können Sie die Umwelt Ihrer Katze so blitzartig neu gestalten und ihr neue Motivation schenken.

[a]

DAS IST *wirklich* WICHTIG

[a] SPIELEN FÜR DEN ERNSTFALL Was auf den ersten Blick brutal wirkt, ist oft Teil eines ausgeklügelten Trainingskonzeptes. Hier lernt die Jungkatze, wie hart sie im Spiel wirklich zupacken darf und ab wann es weh tut.

[b] RANGELEIEN Dieses Wissen ist nicht nur bei der Jagd wichtig, sondern auch beim Spiel mit Artgenossen und Menschen.

[b]

RUNTER VOM SOFA

Spiele für Sesselhocker

Egal, wie wichtig regelmäßiges, ausgelassenes Spielen für die Katze ist – es gibt auch spielfaulere Naturen, die sich partout nicht durch ausgeklügelte Intelligenzspiele, windende Spielangeln und schießende Tischtennisbälle motivieren lassen.

WENN DIE KATZE NICHT SPIELEN MÖCHTE

Gemeinsames Spielen mit dem Menschen? Lieber nicht. Spielangel – uninteressant. Verweigert die Katze jegliches Spiel, ist guter Rat teuer. Oft sind für die jeweilige Katze ungeeignete Spiele der Grund. Manchmal liegen gesundheitliche Probleme vor, die die Lust an der Bewegung schmälern. Übergewicht kann genauso Ursache sein wie akute Erkrankungen oder chronische Schmerzen. Hat Ihre Katze nicht nur die Lust am Spiel verloren, sondern vermeidet jegliche Bewegung, sollten Sie mit ihr zum Tierarzt gehen, um sie durchchecken zu lassen. Dieser kann feststellen, ob eine körperliche Ursache Grund für die Bewegungsunlust ist.

DAS SPIEL MIT DER ANGST

Überraschung gehört zum Katzenspiel. Eine Katze, die Angst empfindet, wird sich aber nie dem Spiel hingeben können. Sie fühlt sich unsicher und ist viel zu sehr mit dem Beobachten ihrer Umgebung beschäftigt, um unbedarft spielen zu können. Angst hat bei Katzen vielfältige Gesichter. Ein ungeeignetes, zu großes, zu lautes oder zu aggressives Spielgeschehen kann die Fellnase genauso verschrecken wie eine unsichere soziale Situation im Mehrkatzenhaushalt oder eine viel zu unruhige Umgebung. Wer kann schon entspannen, wenn man jederzeit einen Angriff aus dem Hinterhalt erwarten muss?

Ängstliche Katzen wirken unruhig, werden häufig vom Spiel abgelenkt, reagieren auf jedes Geräusch und jede Bewegung außerhalb des Spiels und erschrecken leicht. Geben Sie Ihrer Katze Zeit, sich zu entspannen, und sorgen Sie für eine ruhige Atmosphäre ohne jegliche Bedrohung. Nur so kann sich Ihre Katze wieder ganz und gar dem Rollenspiel hingeben, das so wichtig für ihr emotionales Gleichgewicht und ihre körperliche Fitness ist!

DAS GEEIGNETE SPIELZEUG

Unglaublich, aber wahr: Viele Sesselhocker lieben es, zu spielen – doch nicht mit jedem, zu jeder Zeit und mit jedem Spielzeug. Vielleicht haben Ihre Katze und Sie noch nicht das ideale Spiel gefunden? Ein ganzer Korb mit verschiedenen Spielbällen mag auf Tiger reizvoll wirken, doch wenn Puma lieber mit fliegenden Objekten spielt, wird er sich nicht zur Verfolgungsjagd hinreißen lassen. Auf der nächsten Seite erfahren Sie mehr über die verschiedenen Spieltypen – vielleicht verwandelt sich Ihr Couchpotato zu einem Hochleistungssportler?

DIE ULTIMATIVE MOTIVATION: FUTTER

Katzen sind in jeder Beziehung eigenwillig. Das gilt auch für das gemeinsame Spiel mit dem Menschen: Katzen spielen, wann und wie sie möchten. Sie lassen sich nicht dressieren und jagen nicht der Fellmaus nach, um uns eine Freude zu bereiten. Um spielfaule Katzen von den Vorteilen des Spielens zu überzeugen, ist darum die Belohnung am Ende des Spiels essenziell. Doch was tun, wenn man gar nicht zum Ende des Spiels kommt, weil die Katze gar nicht erst anfangen will?
Futtersuchspiele sind die perfekte Möglichkeit, faule Katzen zu Aktivität zu motivieren. Egal, ob Sie Trockenfutter im Zimmer verstecken oder auf käuflich zu erwerbende Snack-Bälle ausweichen: Der Ausblick auf Belohnung wird auch faulste Katzen vom Sofa locken! Schließlich wird der öde Pappkarton viel faszinierender, wenn er nach Schinken-Knabberstangen riecht, und getrocknete Hühnerbrust lockt auch schwerfällige Katzen auf die Katzentreppe. Erwarten Sie aber nicht zu viel von Ihrem Stubentiger. Aller Anfang ist schwer! Damit Ihre Katze Sinn und Zweck des Spiels versteht, sollten die Leckerbissen erst vor ihren Augen versteckt werden, bevor der Schwierigkeitsgrad erhöht wird.

DAS VERDIRBT AKTIVEN KATZEN DIE LUST AM SPIELEN:

- **Gesundheitliche Probleme oder Verletzungen**
- **Übergewicht**
- **Verhaltensstörungen, Depressionen**
- **Angst**
- **Ungeeignetes Spielzeug**

SPIELTYPEN

Maus, Schlange oder Vogel?

Instinktiv reagieren Katzen auf kleine, schnelle Objekte. Auch ruhige, vielleicht etwas übergewichtige Stubentiger können in Sekundenbruchteilen zu tödlichen Jägern mutieren, wenn sich eine Fliege ins Zimmer verirrt hat …

Doch die meisten Katzen sind auf ein bestimmtes Beutemuster geprägt. Sie reagieren entweder auf fliegende, schlängelnde oder rollende Spielzeuge. Meine Katze Fleckli beispielsweise kann Stunden damit verbringen, den Flug einer Libelle zu verfolgen. Unsere mittlerweile verstorbene Sakura mochte großes, stabiles Spielzeug, das sie regelrecht „verkloppen" konnte. Wissenschaftler vermuten, dass die Katze durch die Beutetiere, mit denen sie schon im Nest in Berührung gekommen ist, geprägt wird: Vögel, Würmer oder Mäuse. Eine große Rolle spielt auch die Größe.

Beobachten Sie Ihre Katze genau: Welches Spielzeug bevorzugt sie? Mag sie kleine Fellmäuse, die wunderbar schnell über den Parkettboden huschen können oder große Spielkissen? Ist vielleicht die Spielangel ihr bevorzugtes Spielzeug oder der Plastikball? Die genaue Beutevorliebe Ihrer Katze zu kennen, erspart Ihnen nicht nur Fehlkäufe in der Zoofachhandlung. Das gemeinsame Spiel macht gleich viel mehr Spaß, wenn Ihre Katze die Bemühungen zu schätzen weiß – und mit dem richtigen Spielzeug werden auch Sesselhocker aktiv!

MÄUSE UND CO.

Als klassisches Beutetier der Katze gilt die Maus. Klein und wendig ist sie schnell außerhalb der Reichweite – darum pirscht sich die Katze bei der Mäusejagd auf leisen Pfoten heran und setzt zum plötzlichen Sprung aus dem Hinterhalt an. Diese Verhaltensabläufe zeigt sie auch im Spiel.

Katzen, die mäusische Objekte beim Spiel bevorzugen, reagieren auf huschende Bewegungen. Lassen Sie die Spielmaus bei der Beschäftigung mit Ihrer Katze lebendig werden, über den Boden gleiten, verschwinden und wieder an unerwarteter Stelle auftauchen. Viele Katzen mit einer Mausprägung lieben auch die Jagd nach kleinen Bällen wie zum Beispiel Tischtennisbälle oder Papierkugeln.

FLIEGENDE OBJEKTE

Ausgewachsene, gesunde Vögel sind sehr schnell und oft nicht zu fangen – dennoch üben Vögel und fliegende Insekten eine große Faszination auf Katzen aus. Vielleicht reizt sie auch genau diese anspruchsvolle Jagd?

Samtpfoten, die auf fliegende Objekte geprägt wurden, lieben Spielangeln. Lassen Sie die Feder an der Angel durch den Raum fliegen, kurz auf dem Sofa verweilen und wieder abheben. Manche Vögel lieben es, Katzen zu necken und sich ihnen zu nähern, bevor es wieder in die Lüfte geht – Insekten hingegen schwirren oft fast bewegungslos in der Luft.

[a]

[b]

[c]

DAS IST *wirklich* WICHTIG

[a] MEIN HÄSCHEN Schmusekatze durch und durch: Einige Stubentiger lieben es, große Stofftiere zu „erlegen“, mit ihnen zu rangeln und danach zu kuscheln.

[b] GEFIEDERTES Andere wiederum scheinen auf schnelle, fliegende Objekte geprägt. Spielangeln und Federboas sind das richtige Spielzeug für diese kleinen Abenteurer!

[c] MAUS-EXPERTEN Katzen, die Spielzeuge in Mausform bevorzugen, reagieren auf huschende Bewegungen sowie die klassische pfotenfreundliche Größe der Maus.

[a]

[b]

DAS IST *wirklich* WICHTIG

[c]

[a] KOMM HER! Es muss nicht immer die klassische Spielmaus sein. Einige Katzen können größeren Spielobjekten oder solchen, die rascheln, sich schlängeln oder fliegen, viel mehr abgewinnen.

[b] PASST INS BEUTESCHEMA Dabei ist es kein Wunder, wenn Katzen auf huschende oder sogar schwimmende Bewegungen reagieren. Schließlich gehören Insekten, Vögel und auch Fische auf den Speiseplan vieler Kleinkatzen.

[c] PACKS DIR! Oder ist Ihre Katze ein Raufbold? Beobachten Sie sie genau! Mit dem richtigen Spielzeug wird auch die faulste Katze aktiv.

RICHTIGES SPIELZEUG
für Tüftler, Angler und Raufbolde

Unglaublich, aber wahr: Auch wenn die Maus als klassisches Katzenspielzeug gilt, gibt es Katzen, die der Beute in Mausform nichts abgewinnen können. Stattdessen jagen sie lieber raschelnde Objekte oder haschen Spielangeln aus der Luft.

SCHLÄNGELNDE BEUTE

Der Genuss einer Schlange mag uns nicht gerade reizvoll erscheinen, dennoch gehören Würmer, Raupen und kleinere Schlangen zum Speiseplan vieler Kleinkatzen und sind wunderbare Spielobjekte. Ziehen Sie einen breiten Filzstreifen oder eine Spielangel in schlängelnden Bewegungen über den Boden und beobachten Sie, wie Ihre Katze reagiert. Auch bei diesem Spiel können Sie blitzartige Bewegungen mit langsameren variieren? Überraschen Sie Ihre Katze.

FISCH, KOMM HER!

Nanu, was schwimmt denn da im Teich? Viele Katzen fischen gern im Unbekannten – egal, ob es sich um ein Wasserbecken oder ein nicht identifizierbares Spielzeug unter dem Teppich handelt. Sie können fast jedes Objekt einsetzten: Bälle, Spielmäuse, Spielangeln ... Überlegen Sie zuvor, an welchem Ort und womit sie spielen: Die Katze hat keine Chance, zu erkennen, dass es sich bei der Beute hinter der Gardine um Ihre Hand handelt! Setzen Sie lieber andere Spielzeuge ein.

SPIELE FÜR BASTLER

In den letzten Jahren haben sogenannte Intelligenzspiele den Markt für Katzenzubehör erobert. Diese Spielzeuge dienen weder als Intelligenztest für Stubentiger, noch werden sie den IQ Ihrer Mieze rasant ansteigen lassen. Sie sind aber ein gutes Training für die grauen Zellen unserer Katzen, fördern kognitive Fähigkeiten und strukturiertes Denken. Ursprünglich für das Hundetraining entwickelt, eignen sich derartige Tüftelspiele auch für Katzen, die Spaß am Entdecken, tüfteln und ausprobieren haben. Spielbretter aus Holz oder Plastik bieten vielfältige Versteckmöglichkeiten für Leckerchen oder Spielzeug, die dann von der Katze erkundet und geknackt werden müssen. Um an die Belohnung zu gelangen, muss diese gefunden, aufgedeckt oder aus dem Versteck gepfötelt werden.
Wer ausprobieren möchte, ob sich seine Katze für derartige Spiele interessiert, muss nicht gleich tief in die Tasche greifen. Mit Trockenfutter gefüllte Toilettenpapierrollen oder Schachteln sind eine gute Möglichkeit, Intelligenzspielzeuge kostengünstig zu basteln.

HAUPTSACHE GROSS!

Ja, es gibt sie: Die Raufbolde unter den Katzen. Der Handel hält viele überlebensgroße Spielmäuse und -vögel bereit – oft tun es aber auch herkömmliche Kuscheltiere, die Ihre Samtpfote nach Lust und Laune verprügeln kann. Manchmal ist es auch einfach eine Frage der Tagesform, ob Ihre Katze gleich in einen Nahkampf übergehen will.
Der Markt hält mittlerweile Spielzeuge in allen Formen, Größen, mit Katzenminze oder Baldrian oder Geräuscheffekten bereit. Aber vielleicht sind Sie ja auch kreativ und möchten das perfekte Spielzeug für Ihre Katze ja auch selbst basteln?

MARKE EIGENBAU

Lust auf Selbstmachen

Sie können sich wahrscheinlich gar nicht vorstellen, wie viele Stunden ich in den Katzenabteilungen örtlicher Tierzubehörläden und diversen Online-Shops verbracht habe, um das ideale Spielzeug für unsere Katzen zu finden. Beim Auspacken und Ausprobieren habe ich immer mindestens genauso viel Spaß wie die Vierbeiner.

Mit einer Ausnahme: Während ich die niedlich karierten Kissen in Fischform und sich windenden Spielschlangen auch nach dem ersten Spielversuch noch wunderschön finde, haben sich meine Katzen in der Regel schon viel interessanteren Spielobjekten zugewendet. In der Regel sind diese weder teuer, noch fantasievoll. Die Renner sind vertrocknete Pflanzenteile, Toilettenpapierrollen, Kugelschreiber und beim Kochen heruntergefallene Babykarotten ... Und zur Weihnachtszeit kann eine aus der Nussschüssel stibitzte Haselnuss wahre Begeisterungsstürme auslösen. Waren die im Tierladen verbrachte Zeit und das ausgegebene Geld also ganz und gar umsonst? Absolut nicht. Nicht nur meine Katzen genießen ab und zu etwas Abwechslung von zum Spielzeug umfunktionierten Alltagsgegenständen, auch ich habe gelernt, Rücksicht auf ihre individuellen Vorlieben zu nehmen und ihre liebsten Spielsachen nachzubauen. Ohne großen Aufwand, ansehnlich und vor allem katzensicher ...

SPIELZEUG – ABER SICHER!

Vieles von der Katze selbst entdeckte Spielzeug ist nämlich alles andere als geeignet: Denken Sie nur an die mit einem Wollknäuel spielende Katze. So faszinierend der sich windende Wollfaden auch ist, belassen viele Stubentiger es nicht beim Spiel, sondern wollen den „Wurm" gleich fressen. Verheerende innere Verletzungen können die Folge sein. Was passiert, wenn Heftzwecken verschluckt werden, können Sie sich sicherlich vorstellen ... Lenken Sie die Energie Ihrer Katze darum lieber in kontrollierbare Bahnen und bieten Sie ihr kreatives Spielzeug an, an dem nicht nur Ihr Vierbeiner Spaß hat, sondern bei dem auch Sie leuchtende Augen bekommen!

Um Katzenspielzeug selbst zu machen, müssen Sie kein Bastelprofi sein. Unter uns gesagt bin auch ich mit zwei linken Händen gesegnet. Anleitungen zum Bau eines Katzenturms und eines hochwertigen Pfötelkastens aus Eichenholz, mit dem auch noch die Ururenkel Ihrer Katzen spielen können, finde ich zwar wunderschön, weiß aber auch, dass ich mit zwei verbundenen Händen weder tippen, noch Katzentoiletten säubern oder auch nur eine Futterdose öffnen kann. Doch es gibt auch einfache und garantiert Tollpatsch-erprobte Bastelideen!

SPIELIDEEN OHNE JEGLICHEN AUFWAND

Sie möchten gleich mit dem großen Spiel loslegen und nicht erst basteln? Kein Problem. Sehen Sie sich einmal genau um. Garantiert befinden sich in Ihrer unmittelbaren Reichweite etliche Gegenstände, die Sie zum gemeinsamen Spiel mit Ihrer Katze nutzen können. Eine Decke beispielsweise eignet sich wunderbar dazu, Spielzeug und Leckerlis zu verstecken. Vielleicht braucht ihre Fellnase anfangs ein wenig Unterstützung, um das Spiel zu verstehen. Spielen Sie ein paar Minuten mit ihr, um die Spiellust zu wecken und achten Sie darauf, dass Ihre Katze Sie genau beobachten kann, wenn Sie den Stoff über ihr Lieblingsspielzeug ziehen! Für interaktiven Spielspaß sorgt beispielsweise eine Katzenangel, die Sie unter der Decke bewegen konnen. Alternativ tut es auch ein Deko-Bambusstab oder, natürlich, Ihr Fuß. Aber Vorsicht: Auch die feinsten Katzenkrallen durchdringen jede Wolldecke ... Belassen Sie es vielleicht lieber bei der Katzenangel.

Ein Tischtennisball lässt sich durch sein fehlendes Eigengewicht perfekt durch die Wohnung kicken. Das gleiche gilt für Korken und Nüsse. Natürlich sorgt auch das vorher genannte Wollknäuel für Spielspaß. Allerdings steht Sicherheit immer an erster Stelle. Gerade junge Katzen sind dafür bekannt, gern einmal das Ende des Fadens zu schlucken oder sich Gummibänder um die Pfote oder den Hals zu wickeln. Sicherer sind breite Wollfilzbänder. Sie werden nicht so leicht geschluckt und können sich nicht so fest zuziehen wie Wolle. Doch auch hier sollten Sie Ihre Katze beim Spiel beobachten! Lassen Sie sie nicht allein. Ich bin mir sicher, dass Sie je nach Spielvorliebe Ihrer Katze jede Menge weitere Spielideen entdecken können.

[a]

DAS IST *wirklich* WICHTIG

[a] KENN ICH SCHON Gelangweilt vom handelsüblichen Spielzeug? Manchmal sind Alltagsobjekte viel interessanter! Sie wollen selbst basteln? Wie wäre es mit genähten Baldriankissen?

[b] CAT-NAP Ein kleines Nickerchen gefällig? Kissen und Bälle sind ungefährlich, doch mit Bändern und Federn sollte die Katze nur unter Aufsicht spielen.

[b]

DAS IST *wirklich* WICHTIG

[a] FUMMELBRETT In der Natur muss sich die Katze ihr Futter hart erkämpfen. Futtersuchspiele sind eine gute Möglichkeit, um Ausdauer und Geduld von Wohnungskatzen zu schulen. Lassen Sie Ihre Katze ein wenig tüfteln!

[b] FÜR CLEVERE KERLCHEN Holz und andere Naturmaterialien werden für Katzenspielzeuge wiederentdeckt. So auch bei diesem Intelligenzspielzeug, bei dem die Katze die Holzzylinder entfernen muss, um an die Futterstückchen zu gelangen.

[a]

[b]

NEUE EINDRÜCKE

Intelligenzspielzeuge und Naturerlebnisse

Katzen lieben es, mit allen Sinnen zu erleben. Sie sind darum ganz vorne dabei, wenn es um sensorische Spielideen geht! Wie wäre es mit einem Fummelbrett oder einer Schachtel, die mit Laub gefüllt ist?

EIN STÜCK NATUR

Durch das hohe Gras streichen. Die Sonne auf dem Fell spüren, während man sich im Sand wälzt. Die Spur einer Feldmaus aufnehmen... Die Natur übt eine ganz besondere Faszination auf unsere Katzen aus. Ist das ein Wunder? Nicht immer ist es möglich, der eigenen Katze Freigang zu gewähren. Doch auch wenn Sie keinen eigenen Garten zur Verfügung haben, Ihren Balkon nicht absichern können oder dürfen, Angst vor dem Weglaufen Ihrer Katze haben oder Ihre Mieze einfach keinen Drang verspürt, ein Stück Freiheit zu erlangen, können Sie Ihr ein wenig Natur in die Wohnung bringen. Tannenzapfen, kleine Äste oder ein Kübel mit Katzengras beziehungsweise Katzenminze versprechen schon viele neue Sinneseindrücke. Was wohl geschieht, wenn Sie einige Tannenzapfen in einen Karton füllen, damit Ihre Katze nach Lust und Laune darin herumwühlen kann? Probieren Sie es aus!

FUTTERSUCHSPIELE

Meine Katzen lieben es, wenn ich Trockenfutterkroketten in einer leeren Kartusche unseres Windeleimers verstecke. Generell sind sie ganz vorne dabei, wenn es darum geht, einen Happen zu ergattern – und wenn das Leckerchen mit ein wenig Aufwand gesucht und erkämpft worden ist, scheint es gleich doppelt so gut zu schmecken! Das ist kein Zufall. Wie schon erwähnt sind Katzen trotz des jahrhundertelangen Zusammenlebens mit dem Menschen immer noch kleine Raubtiere. Auch die Entwicklung und Zucht von Rassekatzen zielte seit den Anfängen des Zuchtgeschehens vor allem auf Äußerlichkeiten ab. Egal, ob mit seidigem Fell, langen Beinen oder Fellbüscheln auf den Ohren: Das Wesen unserer Katzen ist unangetastet geblieben und kommt dem ihrer wilden Vorfahren und Verwandten verhältnismäßig nah. In der freien Natur jagen Katzen auch dann, wenn sie nicht hungrig sind – von einer Maus allein wird auch der zierlichste Vierbeiner nicht satt und wer weiß, wann es wieder etwas gibt? Das bedeutet auch, dass unsere Katze nie ihren Jagdinstinkt verloren hat. Sie mag im Lauf ihres Lebens bequem geworden sein und Häppchen in Sauce einer lebendigen Maus vorziehen, aber auch die faulste Wohnungskatze lässt sich von einer sich windenden Spielangel faszinieren und muss die im Futterspender rasselnden Trockenfutterkroketten genauer unter die Lupe nehmen. Diesen Fakt können Sie sich gerade bei bewegungsfaulen Stubentigern zunutze machen, indem Sie nicht nur Bewegung als Schlüsselreiz zum Spiel einsetzen, sondern auch Geruch und Geschmack. Wenn Sie in der Regel Nassfutter der trockenen Variante vorziehen, eignet sich Dosenfutter leider nur bedingt zum Spiel. Doch keine Sorge, es gibt Alternativen, die gesund sind und den Futterball ihrer Katze nicht schmierig zurücklassen!

GESUNDE MOTIVATIONSHILFEN ZUM FUTTERSUCHSPIEL

- **Gefriergetrocknete Fleisch- und Fischstücke**
- **Gefriergetrocknete Shrimps**
- **Getrocknete Hühnerbrust, in mundgerechte Stücke geschnitten (erhältlich im Hundefutterregal)**
- **Getreidefreies Trockenfutter**
- **Kleine Käsewürfel (in Maßen)**

Ist der richtige Snack ausgewählt, kann der Spielspaß beginnen. Beziehen Sie Ihre Umgebung mit ein: Wird Ihre Katze das Leckerchen auf dem Schrank entdecken – oder das unter der Zeitung? Beginnen Sie langsam und zeigen Sie Ihrer Katze am Anfang genau, wo Sie ihren Lieblingssnack versteckt haben. Erst dann wird Sie den Sinn des Spiels verstehen und mit Freude daran arbeiten, mit Verstand, Geschmacks- und Geruchssinn das nächste Futterversteck zu entdecken.

BOXENSTOPP

Schachteln, Kartons und Papprollen

Katzen haben eine innige Beziehung zu Kartons und Kästen. Und sie lieben Überraschungen. Warum nicht beide Elemente verbinden und Ihrer Katze mit selbstgebastelten Spielzeugen aus Karton besondere Spielfreude schenken?

ES RAPPELT IM KARTON

Dieses Spiel lässt sich beliebig variieren. Katzen lieben Kartons – es ist also kein Wunder, dass viele Katzen gern ihre Beute in leeren Schachteln aufspüren! Mit ein wenig Vorsicht und einer Schere oder einem scharfen Messer können Sie leere Kartons, Taschentuchboxen und Trockenfutterkartons in Suchkästen verwandeln. Ein paar Löcher hineinschneiden und ein paar Fenster, Futter verstecken – fertig! Sind Sie handwerklich begabt, können Sie auch einen Pfötelkasten schreinern. Verschiedene Spielelemente lassen sich auch nach Belieben kombinieren. Ihre verfressene Katze liebt es, Tischtennisbälle durch die Gegend zu jagen – und sie mag Kartons? Was halten Sie davon, einen Karton mit Tischtennisbällen zu füllen, die Ihr Stubentiger nach und nach aus der Kiste kicken muss, um an die am Kistenboden versteckten Leckerchen zu gelangen? Oder schneiden Sie kleine Ringe von einer Toilettenpapierrolle ab und legen Sie diese auf den Boden. Zeigen Sie Ihrer Katze genau, wie und wo Sie ein Trockenfutterhäppchen im Pappring verstecken, bevor Sie Pappdeckel oder Tischtennisbälle über die Öffnung legen. Schon kann der Pfötelspaß beginnen! Natürlich lassen sich derartige Spiele je nach Bastellaune auch ansehnlicher gestalten. Die mit ungiftiger Farbe bemalten Papierringe können Sie beispielsweise mit (ungiftigem) Klebstoff auf eine dicke Pappplatte kleben, damit sie auch weiteren Spielattacken standhält.
Sind Ihnen derartige Spieltipps dagegen zu aufwendig, können Sie ohne Bastelarbeit auch den beliebten „Snackball" mit wenig Aufwand nachbauen. In einer Küchenpapierrolle versteckte Leckerchen lassen sich erst nach einigem Pföteln, Rollen und Suchen ergattern. Wahlweise können Sie die Leckereien auch in liegenden Papierbechern verstecken.

DER NASE NACH Der Geruchssinn unserer Katzen spielt eine untergeordnete Rolle beim Jagen in freier Natur. Dennoch haben Katzen doppelt so viele Geruchszellen wie wir Menschen, biologisch ist der Geruchssinn zudem sehr eng mit dem Geschmackssinn verbunden – Sie können sich also vorstellen, dass die Nasen unserer kleinen Feinschmecker alles andere als stumpf sind! Das Jacobsonsche Organ unserer Katze, das hinter den oberen Schneidezähnen in der Gaumenplatte versteckt liegt, kann ebenfalls Düfte aufnehmen.

[a]

DAS IST *wirklich* WICHTIG

[a] DER KISTEN-KATER Katzen lieben Pappkartons. Kein Wunder, verbinden sie doch interessante Gerüche mit einem wundervollen Spiel- und Ruheplatz!

[b] HÜTCHENSPIEL Und das Beste dabei: Pappe ist nicht nur günstig, sondern auch vielseitig. Zum Beispiel: Papprolle bunt bekleben und in Ringe schneiden, dann ein Leckerchen darin verstecken und mit dem Tischtennisball verschließen.

[c] WO IST DER KEKS? Nun muss die Katze den richtigen Ring mit dem Leckerchen finden.

[d] VERDIENTER LOHN Endlich! Nach ein wenig Tüftelei winkt die Belohnung für geschickte Stubentiger.

[b]

[c]

[d]

[a]

[b]

DAS IST *wirklich* WICHTIG

[a] LUST AUF BASTELN? Der Fantasie sind keine Grenzen gesetzt wenn es darum geht, das richtige Spielzeug für Ihre Katze zu kreieren. Legen Sie einfach los!

[b] IN STREIFEN Fast jede Katze liebt weichen, kuscheligen Wollfilz. In Streifen geschnittene Wollfilzreste können einfach an einen Pappring geknoten werden …

[c] MEIN SPIELZEUG! … und sorgen als „Fetzenring" oder „Pseudospinne" garantiert für viel Spielspaß!

[c]

BASTELTIPPS

Leicht umsetzbare Anregungen

Bastelbegeisterte Katzenfreude müssen sich nicht auf Pappkartons beschränken wenn es darum geht, Spielzeuge für ihre Katze selbst zu machen. Catnip-Socke, Fetzenring und Spielangel bieten wundervollen Spielspaß für Katzen, die Intelligenzspielzeugen und Futtersuchspielen nichts abgewinnen können.

VIEL SPASS MIT WENIG AUFWAND

Wer es ein wenig aufwendiger mag, darf sich natürlich auch selbst an die Produktion des hauseigenen Katzenspielzeugs machen. Der Fantasie sind hier keine Grenzen gesetzt! Vielleicht haben Sie im Tierbedarfshandel ein wundervolles Spielzeug entdeckt, dass Sie gern nachbauen möchten? Ihre Katze hat ihr Lieblings-Catnipkissen verloren? Für alle, die ein wenig Inspiration brauchen, haben wir hier einige Ideen zusammengestellt. Viel Spaß beim Basteln!

Catnip-Babysocke für Genießer

Catnip-Kissen sind mit ein wenig Geschick und einer Nähmaschine schnell zu nähen. Wer es noch einfacher möchte, kann eine Babysocke mit Teddywolle und getrockneter Katzenminze füllen. Für Mutige, die nicht vom Geruch nach Schweißfüßen abgeschreckt werden, eignet sich auch getrockneter Baldrian. Füllen, fest zunähen – schon kann der Spielspaß beginnen!

Fleckli s liebste Spielangel

Die meisten Katzen haben eine klare Beutevorliebe. Meine Katze Fleckli beispielsweise steht schnatternd vor dem Fenster, wenn sich kleine, im Nordwesten der USA heimische Kolibris an unseren Pflanzen laben ... Auch Libellen üben eine ganz besondere Faszination auf viele Katzen aus. Schneiden Sie eine Libellen- (oder Kolibri-)Form mithilfe einer scharfen Nagelschere aus Wollfilz aus und knoten Sie diese fest an eine Satinkordel. Mag Ihre Katze das Geräusch kleiner Glocken, können Sie auch noch eine Schelle festknoten. Fertig ist die selbstgebaute Spielangel!

Pseudospinne – der Fetzenring

Toilettenpapierrollen sorgen für jede Menge Spaß in jeglicher Hinsicht. Um kleine Pseudospinnen herzustellen, können Sie Pappringe von einer Toiletten- oder Küchenpapierrolle abschneiden. Die Ringe werden Ihrer Katze schon interessant genug erscheinen. Wenn Sie breite Filzstücke von einem Stück Wollfilz abschneiden und Sie diese Fetzen an den Pappring knoten, wird daraus der ultimative Spielspaß!

Das Sockenmonster

Ihre Katze liebt es, zu raufen? Dann basteln Sie ihr doch ein kleines „Sockenmonster", das nach Belieben verprügelt und verschleppt werden darf! Der neue Spielgefährte lässt sich einfach aus alten Baumwoll- oder Wollsocken zusammenknoten. Viel Spaß beim Verprügeln!

KATZEN UNTER SICH

Kätzisch gute Freunde

„Von Katzen versteht niemand etwas, der nicht selbst eine Katze ist.“ (Natsume Soseki)

GEMEINSCHAFT

Katzen brauchen Katzen

Das Zusammenleben mit dem Menschen versorgt unsere Hauskatzen mit einem Überfluss an Futter und anderen Annehmlichkeiten. Doch die häusliche Umgebung hat auch viele Nachteile: Gerade reine Wohnungskatzen können nur wenig Kontakt zur Außenwelt pflegen, Artgenossen eingeschlossen. Ein guter Grund, darüber nachzudenken, zwei oder mehreren Stubentigern ein Zuhause zu geben!

DER SOLITÄRE JÄGER

Wie viele Katzen werden von einer Maus satt? Eine – und selbst für die ist die Mahlzeit eher ein Snack. Darum erlegen Katzen die bis zu zwölf Beutetiere, die sie pro Tag jagen, allein. Feldmaus und Vogel sind ihnen körperlich so weit unterlegen, dass kein Grund zur Mithilfe durch Artgenossen besteht. Gemeinschaftliche Beutezüge gibt es nur bei Löwen, der einzigen Großkatze, die im Gruppenverband lebt und aufgrund der Größe und Schnelligkeit ihrer Beutetiere auch jagt.

Sind Katzen darum Einzelgänger? Ja – und nein. Katzen sind zwar solitäre Jäger, doch das Zusammenleben mit dem Menschen hat sie mit einem Überfluss an Ressourcen ausgestattet, sodass sich nicht nur an Futterstellen Katzengruppen bilden, sondern auch das oft langweilige Leben von Hauskatzen durch einen Artgenossen bereichert wird. Auch Freigängerkatzen treffen sich gern mit Nachbarskatzen im Garten.

RANGORDNUNG? VON WEGEN!

Wer nun glaubt, dass der dicke, fette Kater das Oberhaupt einer sich zufällig treffenden Gruppe von Katzen im Nachbarsgarten ist, liegt falsch. Die Katzenhierarchie ist an Ort und Zeit gebunden, eine Notwendigkeit ihres Lebens als solitärer Jäger in Freiheit. Katzenreviere überlappen sich in freier Natur, und auch beim Leben mit dem Menschen mag ein Tier die morgendliche Vorherrschaft im Garten haben, das andere hat gegen Nachmittag das Sagen. Allerdings auch nur bis zum Gartenzaun, denn dahinter beginnt die Vorherrschaft der zierlichen Nachbarskatze, die ihr Revier gegen Abend für den Tiger aus dem Erdgeschoss abtritt. Diese Art des Zusammenlebens betrifft nicht nur das Leben außerhalb der Wohnung. Im Haus lassen sich die gleichen Strukturen erkennen, sobald mehrere Katzen zusammenleben – oft nur auf beengtem Raum.

BEZIEHUNGSSTRESS ODER LANGEWEILE

Tun wir unserer Katze nun einen Gefallen, wenn wir sie diesem überaus komplizierten Netz aus Gemeinschaften, Verantwortungen und Zugeständnissen überlassen? Eines sollten wir bei der Beantwortung nicht vergessen: Nur uns Menschen erscheint die kätzische Sozialstruktur kompliziert. Für eine gut sozialisierte Katze ist sie das Normalste der Welt.

Für viel mehr Stress sorgt das Leben als Einzelkatze. Auch wenn Sie sich viel Mühe beim Spielen geben, werden Sie nie einen Artgenossen ersetzen können. Vor allem ohne Freilauf, der die Möglichkeit, sich auszutoben und Kontakte zu Artgenossen herzustellen und zu pflegen, bietet, unterliegen allein lebende Katzen oft einem Kreislauf aus Langeweile, aus der es keinen Ausweg gibt. Gerade dann, wenn Sie berufstätig sind, wird Ihre Katze den Großteil des Tages allein verbringen.

DOPPELTES GLÜCK?

Ein guter Grund, über die Aufnahme von zwei Katzen nachzudenken! Gerade Jungkatzen, die mit kaum zwölf Wochen ihr neues Zuhause beziehen, profitieren vom Zusammenleben mit einem Artgenossen, um ihre sozialen Fähigkeiten auszubauen und sich auszutoben. Entscheiden Sie sich von vornherein für den Einzug von zwei Katzen, vereinfacht dies die Auswahl, das Einleben sowie den Umgang mit den Tieren. Egal, ob Sie Ihre Katzen aus dem Tierheim oder vom Züchter holen, können Ihnen die Experten vor Ort gleich raten, welche Tiere gut zusammenpassen oder vielleicht schon Freundschaften geschlossen haben. Auch Wurfgeschwister bilden in der Regel ein harmonisches Paar.

Doch nicht immer ist die Auswahl der richtigen Zweitkatze so einfach. Gerade Tiere, die länger allein gelebt haben, besonders ängstlich oder dominant sind, werden nicht mit jedem Artgenossen glücklich.

DAS IST *wirklich* WICHTIG

[a] BEGEGNUNGEN Die Auseinandersetzung mit Artgenossen gehört zum Leben dazu. Freigängerkatzen teilen sich oft ihr Revier, sodass man sich regelmäßig begegnet.

[b] STREITEREIEN Es kann auch mal zu kleinen Auseinandersetzungen kommen. Entweder gibt der Klügere nach und zieht von dannen …

[c] KATZEN-SMS … Oder man einigt sich. Die meisten Katzen hinterlassen auch Duftbotschaften, die besagen: „Ich war dann und dann da!" Auch so kann man sich verständigen, ohne sich begegnen zu müssen. Sozusagen eine SMS für den Katzenkumpel.

DAS IST *wirklich* WICHTIG

[a] GLEICH UND GLEICH Achten Sie bei der Auswahl darauf, dass die Katzen vom Alter, und vor allem vom Charakter zusammenpassen. Zu große Gegensätze ziehen sich meistens nicht an, sondern machen sich gegenseitig das Leben schwer.

[b] GESUCHT UND GEFUNDEN Diese beiden Britsch Kurzhaar Katzen sind ein harmonisches Team. Es muss zwar nicht immer die gleiche Rasse sein, aber oft bringen Tiere eines bestimmten Rassetyps ähnliche Eigenschaften mit.

[a]

[b]

FREUNDSCHAFT

Der Weg zum doppelten Katzenglück

Bei der Auswahl einer Zweitkatze sollte eines im Fokus stehen: Ihre Katze. Sie als Katzenfreund kennen Ihren schnurrenden Mitbewohner besser als jeder Tierheimmitarbeiter oder Züchter – verlassen Sie sich darum neben Empfehlungen anderer, oft selbsternannter Experten vor allem auf Ihren Instinkt.

VOM EIN- ZUM MEHRKATZENHAUSHALT

Was bei der Auswahl der für Sie und Ihre Familie geeigneten Katze galt, gilt auch für die Suche nach einer potenziellen Zweitkatze: Hören Sie auf Ihr Bauchgefühl und Ihren gesunden Menschenverstand und gehen Sie vor allen Dingen auf die Befürnisse Ihrer ersten Katze ein.

Der Einzug einer weiteren Katze wird nicht nur Ihr Leben verändern, sondern vor allem das Ihrer Katze. Konnte sie sich bisher je nach Lust und Laune im Haus bewegen, den Schlafplatz wählen, der ihr gefällt und hatte den alleinigen Anspruch auf Streichel- und Spieleinheiten, muss sie sich nun mit einem Artgenossen auseinandersetzen. Dem gefällt das Kissen auf der Fensterbank vielleicht so gut, dass er es ganztägig beansprucht, oder belagert Sie von früh bis spät, um eventuelle Leckereien abzustauben ... Die Aufnahme einer weiteren Katze in die Familie bedeutet aber auch eins: Nie mehr allein sein. Ihre Katze kann nun auch auf „kätzisch" kommunizieren, ihren Spieltrieb nicht nur an unbelebten Objekten auslassen und sich dem bei Katzen so beliebten Kontaktliegen hingeben, bei dem beide Katzen eng aneinander gekuschelt ruhen. Um die Chance auf das große Katzenglück zu erhöhen, sollten Sie als Halter bei der Auswahl der zweiten Fellnase einige Parameter beachten. Die hier vorgestellten Tipps sind keine Garantie, erleichtern die Entscheidung aber immens!

DER CHARAKTER

Sie kennen Ihre Katze in- und auswendig. Betrachten Sie sie vor der Suche nach einem Artgenossen darum genau: Ist sie ein eher sensibles Tier, ein Draufgänger oder besonders lebhaft? Der Charakter Ihrer Katze ist ausschlaggebend dafür, nach welcher Zweitkatze Sie Ausschau halten sollten. Ihr draufgängerischer Familienkater könnte Probleme mit einem dominanten Jungkater, der vielleicht sogar noch nicht kastriert ist, haben – Revierstreitigkeiten sind vorprogrammiert. In diesem Fall gilt: Gleich und gleich gesellt sich nicht unbedingt gern! Möchten Sie einer älteren, ruhigen Katze einen Artgenossen schenken, sollte dieser ähnliche Charakterzüge zeigen.

DAS ALTER

Sie mögen vielleicht die Hoffnung haben, dass eine gut erzogene, ältere Katze Ihrem Jungspund Manieren beibringen kann – bedenken Sie aber auch, dass das Zusammenleben mit einem quirligen Katzenkind puren Stress für Ihren Oldie bedeuten kann! Ein lebhaftes Jungtier würde den verdienten Lebensabend Ihrer Katze nur unnötig verkomplizieren. Dafür aber haben Sie in diesem Fall die Gelegenheit, einer weiteren älteren Katze ein wunderschönes Zuhause zu schenken. Diese Tiere werden oft im Tierheim übersehen, wird jedoch höchstwahrscheinlich den perfekten Lebensgefährten für Ihren Senior bieten.

Befinden sich die Katzen im gleichen Lebensabschnitt, verläuft das Zusammenleben in der Regel harmonischer als bei einem größeren Altersunterschied.

TRAUM-WG

Die besten Kombinationsmöglichkeiten

Wie findet man den richtigen Katzenkumpel? Kombinieren Sie Ihre Vorstellungen, den Charakter, das Alter, die Rasse und das Temperament Ihrer Katze, mixen Sie alles gut durch, würzen Sie mit einer Prise gesundem Menschenverstand. Fertig!

MÄNNLEIN ODER WEIBLEIN

Ein Kater zur Kätzin – oder lieber nicht? Die Frage nach dem idealen Geschlecht des Neuzuganges ist schwer zu beantworten. Gerade bei Jungkatzen kann das Geschlecht jedoch wegweisend für ein ausgeglichenes Zusammenleben sein: Jüngere Kater kämpfen und raufen in der Regel sehr viel ausgelassener als weibliche Katzenkinder. Bei einem gleichgeschlechtlichen Katzenpaar ist die Chance, dass die Chemie stimmt, in den ersten Lebensmonaten größer. Auch hier spielt das Alter eine große Rolle: Ist das Zusammenleben zweier Jünglinge oft unkompliziert, kann es zu Streitigkeiten kommen, wenn zwei geschlechtsreife, einander bisher unbekannte Kater vergesellschaftet werden. Das gilt insbesondere dann, wenn beide Tiere unkastriert sind! Eine weibliche Katze könnte hier der bessere Partner sein. Zwei Kätzinnen hingegen gelten allgemein als harmonisches Paar. Aber auch hier hängt es natürlich von der einzelnen Katzenpersönlichkeit ab, ob und inwieweit sich zwischen den beiden eine große Freundschaft entwickelt.

DIE RASSEFRAGE

Gerade für Halter oder Liebhaber einer bestimmten Katzenrasse gibt es einen weiteren Parameter: Die Rasse der möglichen Zweitkatze. Grundsätzlich ist eine gleiche Herkunft nicht erfolgsbestimmend für eine Katzengemeinschaft, Abessinier können sich mit Perserkatzen verstehen und so mancher Rassemix versteht sich hervorragend mit dem hochgezüchteten Katzenadel. Allerdings weisen spezielle Rassetypen oft nicht nur ein ähnliches Aussehen, sondern auch einen ähnlichen Charakter auf: Siamkatzen gelten als lebhaft und kommunikativ, während die Britisch Kurzhaar eher ruhigeren Charakters ist und sich eher über einen ebensolchen Lebenspartner freut.

DIE MAGISCHE ZAHL

Sie suchen gar nicht nach einer Zweitkatze, sondern nach einer dritten, vierten, fünften? Gibt es so etwas wie eine ideale Anzahl für eine harmonische Katzengruppe? Nein, es kommt darauf an, wie gut die einzelnen Katzen zusammenpassen. Klassischerweise gelten Gruppen mit einer geraden Anzahl an Katzen als besonders stabil, ein eingespieltes Dreierteam kann durch den Zuzug einer weiteren Katze allerdings auch völlig aus dem Gleichgewicht gebracht werden. Auch eine ruhigere, ältere Katze kann mit dem Einzug eines quirligen Jungtiers überfordert sein. Eine Dreiergruppe mit zwei Jungkatzen, die zusammen spielen und raufen können, ist hier oft Erfolg versprechender. Jede Katze ist ein Individuum mit eigener Vorgeschichte. Man kann zwar Empfehlungen geben, wer zu wem passen könnte, doch letztendlich entscheiden die Tiere, ob sie miteinander harmonieren.

SPONTANKÄUFE **Wenn schon ein schnurriger Mitbewohner Ihre Familie bereichert, sollten Sie von Spontankäufen Abstand nehmen. Die potenzielle Zweitkatze sollte vor allem zu Ihrer schon im Haushalt lebenden Katze passen. Ja, die ängstliche Tierheimkatze, die schon seit zwei Jahren auf ein neues Zuhause wartet, kann der richtige Begleiter für Ihren kätzischen Mitbewohner sein. Das Zusammenleben mit einer dominanten Katzenpersönlichkeit kann aber auch zu schweren Verhaltensproblemen bei dem Sensibelchen führen. Bitte tun Sie sich und vor allem Ihrer Katze einen Gefallen: Nehmen Sie Abstand von Mitleidskäufen!**

[a]

DAS IST *wirklich* WICHTIG

[a] FELXIBEL Bei gut sozialisierten Jungkatzen ist oft nicht nur die eigentliche Zusammenführung unkomplizierter, auch die Auswahl der richtigen Zweitkatze ist leichter, weil sich die beiden schneller anpassen.

[b] BRUDERHERZ! Wurfgeschwister bilden beispielsweise ein erfolgsversprechendes Duo! Ein Kumpel zum Spielen, Raufen und Schmusen ist wunderbar.

[c] LEBEN IN DER BUDE Doch Vorsicht: Wer gleich zwei Jungkatzen ein Zuhause gibt, wird sich vor Chaos kaum retten können.

[b]

[c]

ALLTAG

Leben mit zwei (und mehr) Katzen

Endlich ist sie da: Die neue Katze, die nicht nur Ihr Leben, sondern vor allem auch das Ihrer Katze bereichern soll. Doch zwei Katzen bringen nicht nur mehr Freude mit sich, sondern auch etwas mehr Verantwortung.

GROSSE FREUNDSCHAFT VON ANFANG AN?

Insgeheim haben Sie vielleicht davon geträumt, dass beide Tiere nach Öffnen des Transportkorbes sofort laut schnurrend aufeinander zulaufen, mit der gegenseitigen Fellpflege beginnen und von nun an unzertrennlich sind. Der erste Kontakt kann zwar genau so ablaufen, allerdings ist dieser Fall eher selten – in den meisten Fällen brauchen beide Katzen ein wenig Zeit, um sich aneinander zu gewöhnen. Schließlich muss sich der Neuzugang erst einmal in einer völlig neuen Umgebung, die zudem noch das Revier eines Artgenossen ist, eingewöhnen!

ZEITBEDARF

Bisher waren Sie der wichtigste Ansprechpartner für Ihre Einzelkatze. Nun sorgt ein neuer Artgenosse für Unsicherheit… Auch der Neuzugang möchte ein Verhältnis zu Ihnen aufbauen, kuscheln, spielen und Ihnen nahe sein. Gerade in der ersten Zeit, wenn sich beide Katzen noch nicht ganz grün sind, kann die getrennte Beschäftigung von zwei Katzen einen Großteil Ihrer freien Zeit in Anspruch nehmen. Genießen Sie die Zeit mit beiden Stubentigern! Sobald sich die Situation etwas entspannt hat, werden beide Katzen miteinander spielen, Sie ins Spiel mit einbeziehen und sich den Platz auf Ihrem Schoß mit Vorliebe teilen.

DIE GESUNDHEITSFRAGE

Auf eine geimpfte, kastrierte und entwurmte Katze kommen in der Regel keine weiteren Untersuchungen zu, sobald sich ein Artgenosse zur Familie gesellt. Auch die Gesundheitsvorsorge gesunder Katzen ist nicht aufwendiger als die einer Einzelkatze – vom Schleppen zweier Transportkörbe einmal abgesehen. Um Ihre Fellnase nicht unnötig zu gefährden, sollten Sie den Neuzugang aber vor dem Einzug einem Tierarzt vorstellen. Dieser kann auf eventuelle Parasiten testen und feststellen, ob die Katze an einer Infektionskrankheit leidet, die ein Zusammenleben mit Artgenossen unmöglich machen kann. Ungeziefer, Wurmbefall und leichtere Infektionen lassen sich in der Regel schnell und auch nach Einzug behandeln. Ernsthaftere Erkrankungen wie beispielsweise FIV können ein Zusammenleben mit anderen Katzen unmöglich machen.

DAS LIEBE GELD

Ja, auch das spielt eine Rolle: Zwei Katzen kosten mehr als eine. Tierarztbesuche schlagen nun doppelt zu Buche und auch, wenn große Katzenfutterdosen auf 100 Gramm gerechnet günstiger sind als kleine Schälchen, kommen Futterkosten hinzu. Glücklicherweise sind die laufenden Kosten für eine Katze relativ gering im Vergleich mit anderen Tieren oder Hobbys!

DIE ERSTEN TAGE

Liebe auf den ersten Blick?

Für die heimische Katze kann der Zuzug einer weiteren zwar große Freude, aber auch Unsicherheit bedeuten. Ihr Alltag verändert sich von jetzt auf gleich, sie muss ihr Futter und die Aufmerksamkeit ihrer Menschen teilen. All das kann großen Stress bei unseren sensiblen Wohnungstigern auslösen!

Seien Sie also nicht zu enttäuscht, falls der Erstkontakt beider Tiere von Fauchen oder komplettem Ignorieren begleitet wird. Wie bei Menschen gilt aber auch bei Katzen: Der erste Eindruck zählt. Je entspannter Sie das erste Treffen beider Katzen gestalten, desto positiver werden auch die Katzen ihren neuen Mitbewohner wahrnehmen!

AUFMERKSAMKEIT

Ihre Aufmerksamkeit ist nicht nur für Ihre Katze, sondern auch für den Neuankömmling essenziell! Nehmen Sie sich darum gerade in den ersten Tagen genug Zeit, um beiden Katzen genügend Aufmerksamkeit zu schenken. Die Weihnachtsfeiertage sind genauso ungünstig wie die letzten Tage vor der Fernreise. Vielleicht können Sie sich stattdessen ein paar Tage freinehmen und einen persönlichen Katzen-Kuschel-Spiel-Urlaub im eigenen Heim machen? Eine perfekte Gelegenheit, Ihre neue Katze kennenzulernen, ihre Eigenheiten zu studieren und der Reviereigentümerin das Gefühl zu vermitteln, dass Sie sie nach wie vor abgöttisch lieben und immer noch Zeit und Lust auf ausgedehnte Kuscheleinheiten und ausgelassene Ballspiele haben!

DIE VORBEREITUNGEN

Transportkorb öffnen und los: Beide Katzen ins kalte Wasser zu werfen ist eine Möglichkeit, den Kontakt herzustellen, doch das kann auch schiefgehen. Denn wenn sich eines der Tiere erschrickt , wird das sofort mit dem Anblick der anderen Katze verbunden, die dadurch gleich als unsympathisch eingestuft wird. Besser ist es, die neue Katze in den ersten Tagen ein wenig Zeit zum Einleben zu gönnen, damit sie die Räumlichkeiten, Sie und den Geruch der neuen Mitkatze kennenlernen kann. Stellen Sie den Transportkorb in einen ruhigen Raum mit Futter, Wasser, Katzentoilette, Kratzbaum und Schlafgelegenheit, zu dem Ihre alte Katze noch keinen Zutritt hat. Tauschen Sie Schlafdecken oder -kissen aus, damit sich beide Katzen an den Geruch des Artgenossen gewöhnen. Wenn sich de Neuling nach zwei bis drei Tagen an seine Umgebung gewöhnt hat, können Sie die Räume tauschen. Nach weiteren ein bis zwei Tagen könenn Sie alle Türen öffnen, sodass sich die beiden Tiere begegnen erstmals können.

DER ERSTKONTAKT

Versuchen Sie, sich zurückzuhalten und nur im Ernstfall einzugreifen. In der Regel werden sich beide Katzen zurückhalten, fauchend auf Abstand gehen oder auch einmal warnend eine Pfote erheben. Doch keine Angst, blutige Auseinandersetzungen sind eher selten. Falls es doch zum Ernstfall kommen sollte: Greifen Sie nie in einen bestehenden Kampf ein – es besteht höchste Verletzungsgefahr! Ein lautes Klatschen oder ein scharfes Nein sind besser geeignet, um die Streithähne voneinander zu trennen. Dass beide Katzen vorerst auf Distanz gehen ist verständlich: Ihre Katze wird nicht begeistert über den plötzlichen Eindringling sein, der Neuzugang ist unsicher und reagiert verschreckt auf den eindeutigen Revierinhaber. Der Neuzugang wird sich zurückziehen und die nächsten Stunden vielleicht unter dem Sofa oder auf dem Bücherregal verbringen – vielleicht wird er aber auch mutig die Wohnung inspizieren und das Katzenklo benutzen. All das hängt auch vom Verhalten Ihrer bisherigen Einzelkatze ab: Beobachtet Sie den Neuzugang vielleicht von einem erhöhten Aussichtspunkt? Zieht sie sich ängstlich zurück? Oder versucht sie, Ihr Revier zu verteidigen?

BROT UND SPIELE

Muss keine Katze um ihr Futter fürchten, kann sich jederzeit zurückziehen und Kratz- sowie Spielmöglichkeiten nutzen, entspannt sich die Situation ungemein. Auch die Einführung fester Fütterungszeiten und gemeinsamer Spieleinheiten gibt beiden Katzen ein positives Erlebnis im Beisein des neuen Katzenkumpels. Übrigens: Viele Katzen benutzen einmal verschmutzte Streu nicht erneut – erst recht nicht, wenn diese von einer anderen Katze benutzt wurde. Als ideale Zahl der Katzentoiletten gilt darum die Anzahl der Katzen plus eins.

[a]

[b]

DAS IST *wirklich* WICHTIG

[a] AUF LEISEN PFOTEN Manche Katzen gehen vorsichtig auf den fremden Artgenossen zu …

[b] ALLES MEINS! … Andere bevorzugen es, ihr angestammtes Revier zu verteidigen und gehen aggressiver vor.

[b] RANGELEIEN Egal, was passiert: Bleiben Sie ruhig! Versuchen Sie, sich zurückzuhalten und nur im Ernstfall einzugreifen. Sind Sie entspannt, überträgt sich dies auch auf Ihre Katzen.

[c]

DAS IST *wirklich* WICHTIG

[a] GANZ SCHÖN GESTRESST Katzen sind sensible Tiere. Jede Änderung ihrer Umgebung setzt sie unter großen Stress. Anfängliches Zurückziehen ist noch in Ordnung.

[b] MOBBING Doch Verhaltensauffälligkeiten wie Markieren oder Unsauberkeit sollten Sie aufhorchen lassen. Auch wenn sich ein Tier immer versteckt und vom anderen gemobbt wird, ist schnelle Hilfe nötig.

[c] BLICK VON AUSSEN Ein Verhaltenstherapeut kann helfen, damit beide Katzen entspannt miteinander leben können.

[a]

[b]

[c]

PROBLEME

Die Freundschaft lässt auf sich warten

Aller Anfang ist schwer. Doch wenn sich Streitigkeiten in der neu zusammengesetzten Katzen-WG über Wochen hinziehen, von ernsthaften Auffälligkeiten wie Harnmarkieren, Aggression oder Ängsten begleitet werden und auch der Tierarzt überfragt ist, handelt es sich um ein ernsthaftes Problem und keine Launenhaftigkeit einer einzelnen Katze. Nun ist es an der Zeit, eine Entscheidung zu treffen.

UNSAUBERKEIT, KRATZMARKIEREN UND ANDERE PROBLEME

Katzen sind sensible Tiere. Manche Signale möchten wir Menschen nicht wahrnehmen oder verstehen, andere sind überaus deutlich oder stinken wortwörtlich zum Himmel. Die Rede ist von Harnmarkierungen, Unsauberkeit, Kratzspuren, Aggression und Ängstlichkeit. Unsere Katzen wollen uns nicht ärgern, wenn sie zu derartigen Mitteln greifen. Ganz im Gegenteil: Verhaltensprobleme sind Ausdruck einer tiefer sitzenden Unsicherheit und ein Hilferuf, auf den wir reagieren sollten. Oft sind wir sogar selbst an den Problemen zwischen unseren Katzen schuld. Nicht jeder Mehrkatzenhaushalt bietet genügend Ressourcen, damit alle Tiere ohne Reibereien zusammenleben können. Manchmal sind die einzelnen Tiere einfach nicht kompatibel, eine Katze wird gemobbt, von der Katzentoilette oder dem Futternapf abgeschottet oder muss in ständiger Angst leben, im Schlaf überrascht und in einen Kampf verwickelt zu werden. Nehmen Sie darum zuerst Ihren Haushalt und den Charakter der einzelnen Tiere unter die Lupe! Nicht selten kann eine Umgestaltung des Umfeldes die Spannung aus der Situation nehmen und ein harmonischeres Zusammenleben ermöglichen.

WEITERE HILFE

Gute Hilfestellung kann auch Ihr Tierarzt, der idealerweise beide Tiere kennt, leisten. Doch Tierärzte sind keine Verhaltensexperten. Vielleicht haben Sie die Möglichkeit, einen Tierpsychologen um Rat zu fragen? Nicht jeder Verhaltenstherapeut hält, was er verspricht. Achten Sie darum auf Publikationen, Fortbildungen oder holen Sie Empfehlungen anderer Katzenfreunde ein. Vielleicht kann Ihr Tierarzt ja sogar einen Spezialisten empfehlen?

DAS BRAUCHT JEDE KATZE IM MEHRKATZENHAUSHALT

- **Saubere Katzentoiletten, rund um die Uhr verfügbar**
- **Attraktive Kratzmöglichkeiten**
- **Ruheplätze zum Schlafen und Dösen mit Ruhe vor Mitkatzen und Menschen**
- **Erhöhte Aussichtsplattformen**
- **Möglichkeiten, sich spielerisch auszutoben**
- **Einen ruhigen Fressplatz**
- **Jederzeit frisches Wasser**
- **Zeit mit ihrem Menschen**

NOTFALLS ALLEIN

Verschiedene Wege zum Glücklichsein

„Ich hätte es wissen müssen!“ oder „Warum habe ich nicht auf mein Gefühl gehört?“: Vielleicht sitzt gerade ein kleines Teufelchen auf Ihrer Schulter, das Ihnen Vorwürfe macht. Doch Menschen sind keine Katzen und es ist kaum vorherzusagen, welche Dynamik sich in einer neu zusammengestellten Katzengruppe ergibt.

ZWISCHEN GLAUBEN UND HOFFEN

Ständige Spannungen im Katzenhaushalt sind schwer zu ertragen. Doch Katzen sind viel mehr als ein Auto, das man im Zweifelsfall weiterverkaufen kann! Sie sind Familienmitglieder. Geben Sie darum nicht zu schnell auf, holen Sie den Rat eines Experten ein und tun Sie Ihr Möglichstes, damit aus der Hoffnung zum Katzenglück Realität wird. Dennoch: Nicht immer können alle Probleme gelöst werden. Vielleicht ist der kätzische Partner einfach nicht der Richtige oder Sie haben erst nach Einzug der Zweitkatze gemerkt, dass Ihre Wohnung nicht zur Haltung mehrerer Katzen geeignet ist? Scheuen Sie sich nicht davor, Fehler einzugestehen. Eine Katze abgeben zu müssen macht Sie nicht zu einem schlechten Menschen! Suchen Sie nach einem guten Zuhause, dass der Persönlichkeit der abzugebenden Katze gerecht wird. Ermöglichen Sie den neuen Besitzern genau die Dinge, die Ihnen bei der Suche nach einer Familienkatze wichtig waren. Mehrere Besuche beispielsweise geben nicht nur Ihrer Katze die Möglichkeit, die neuen Menschen kennenzulernen. Auch Sie können die neue Familie Ihres Vierbeiners besser kennenlernen! Tauschen Sie Telefonnummern aus und bleiben Sie in Kontakt. So bleiben Sie über die Entwicklung der Katze unterrichtet!

KATZE ALLEIN – AUCH DAS KANN SEIN!

Mit dem Auszug der erhofften Zweitkatze fangen Sie natürlich wieder von vorne an. Analysieren Sie, warum die beiden Katzen nicht miteinander auskamen. Waren die beiden Tiere nicht kompatibel? Oder ist Ihre Wohnung zu klein, um zwei Katzen ein artgerechtes Leben zu bieten? Vielleicht ist Ihre Katze auch eine Persönlichkeit, die nur schwerlich mit Artgenossen klarkommt? Doch keine Angst: Auch Einzelkatzen können glücklich werden. Für die Durchschnittskatze mag das Leben allein nicht ideal sein. Nach Lesen dieses Buches gehören Sie aber eindeutig zu den Katzenfreunden, die ihren Vierbeiner als Familienmitglied sehen, mehr über ihn erfahren wollen und sich Gedanken zur richtigen Haltung machen, damit Ihre Katze rundum glücklich wird. Auch, wenn Sie nun erstmal nicht zwei schnurrende Stubentiger Ihr Eigen nennen können, haben Sie die Möglichkeit, das Leben Ihrer Einzelkatze möglichst abwechslungsreich zu gestalten. Schenken Sie ihr Ihre ganze Aufmerksamkeit. Versuchen Sie sich an den hier im Buch vorgeschlagenen Bastel- und Gestaltungstipps. Begeben Sie sich auf die Suche nach dem für Ihre Katze perfekten Spielzeug. Genießen Sie. Tauchen Sie ganz und gar ein ins Katzenglück.

Viel Spaß dabei!

SERVICE

ZUM WEITERLESEN
(Bücher aus dem Kosmos-Verlag)

AUSWAHL UND KÄTZCHEN

Hier finden Sie Infos zu den Rassen und ihren Eigenschaften sowie alles über Auswahl, Haltung und Erziehung eines Kätzchens.

Metz, Gabriele: **Katzenrassen**. Die schönsten Samtpfoten aus aller Welt.

Grimm, Hannelore: **Kätzchen**. Halten, pflegen, beschäftigen.

Von Stockfleth, Bettina: **Katzenkinder**. Auswahl, Haltung, Spiel & Spaß.

HALTUNG

Erfahren Sie mehr über Fütterung, Wohnungshaltung und Gesundheit der Katzen. In diesen Ratgebern erhalten Sie kompetenten Rat.

Grimm, Hannelore: **Wohnungskatzen**. Halten, pflegen, beschäftigen.

Jones, Renate u. a.: **Das Kosmos Handbuch Katzen**.

Seidl, Denise: **Katzen richtig halten und Probleme lösen.**

Streicher, Michael: **Kosmos Praxishandbuch Katzenkrankheiten**. Vorsorge und Erste Hilfe. Krankheiten erkennen und behandeln.

BESCHÄFTIGUNG

Katzen freuen sich ein Leben lang an Spiel und Beschäftigung. Hier finden Sie tolle Spiele und werden an das Clickertraining herangeführt. Viel Spaß!

Böttjer, Andrea: **Das Katzenbuch für Kids**. Verstehen, versorgen, spielen.

Dexel, Birga: **Birga Dexels Clickertraining für Katzen.**

Seidl, Denise: **Spiel & Spaß für Katzen**. Die schönsten Spielideen für Stubentiger.

VERHALTEN

Sie fragen sich manchmal, warum Ihre Katze dieses oder jenes macht? Eine gemeinsame Sprache ist die Basis für eine gelungene Kommunikation. Tauchen Sie ein in die spannende Welt der Katzensprache.

Pfleiderer, Mircea: **Katzenverhalten**. Von der Wildkatze zur Hauskatze. Mimik, Körpersprache und Verständigung.

Rauth-Widmann, Brigitte: **Katzensprache**. Mimik, Laute, Körpersprache.

Rauth-Widmann, Brigitte: **Was denkt meine Katze**. Katzenverhalten auf einen Blick.

ADRESSEN

Toller Kratzbaum, zwei linke Hände? Im Internet finden Sie Anbieter, die Kratzbäume und Catwalks individuell für Sie anfertigen.
www.goldtatze.de

Sie möchten noch mehr über Katzenhaltung, Barf oder Kastration erfahren? Hier werden Sie fündig:
www.katzen-fieber.de

Sie möchten einer Secondhand-Katze ein schönes Zuhause schenken? Neben Ihrem Tierheim vor Ort gibt es viele Internetseiten, auf denen Katzen vermittelt werden. Z. B.:
www.notfallkatzen.de
www.rassekatzen-im-tierheim.de

KATZENVERBÄNDE

Deutschland
1. Deutscher Edelkatzen Züchter Verband (DEKZV) e.V.
Mühlweg 4
D-35614 Asslar
www.dekzv.de

Österreich
Österreichischer Verband für die Zucht und Haltung von Edelkatzen (ÖVEK)
Liechtensteinstraße 126
A-1090 Wien
www.oevek.at

Schweiz
Federation Feline Helvetique (FFH)
Sekretariat
Baselstrasse 35
CH-4132 Muttenz
www.ffh.ch

REGISTER

AKTEURE

Lena Landwerth wuchs mit Katzen auf, die Leisetreter sind auch heute noch ihr Lieblingsthema. Sie ist Gründerin des Bookazins Pfotenhieb, das sie jahrelang als Chefredakteurin betreute. Heute lebt sie mit ihrem Mann, ihrer Tochter und ihrer Katze Fleckli im Westen der USA und arbeitet als Journalistin und Autorin.

Fotografie und Tiere – das ist die Leidenschaft von **Sandra Schürmans.** Geduldig fängt die junge Fotografin die schönsten Seiten von Hund, Katze und Pferd ein. Ein Leben ohne Tiere? Auf keinen Fall! Sie wird von Australian Shepherds begleitet und selbstverständlich auch von Katzen, die sie auch züchtet.

IMPRESSUM

BILDNACHWEIS
Mit 143 Farbfotos von Sandra Schürmans.
Weitere Farbfotos von akg-images (2; Seite 23 beide), Oliver Giel (2; S. 55 l., 71 l.), Gabriele Metz / Kosmos (7; S. 46 alle 3, 47 alle 4), Heike Schmidt-Röger (5; S. 82, 145 alle 3, 150), Heike Schmidt-Röger / Kosmos (3; S. 27 u. l., 55 r., 78), Tierfotoagentur / Schmaus (1; S. 106), Tierfotoarchiv-Drewka / Kosmos (10; S. 56 o. und u. l., 59, 63 beide, 72 beide, 115 beide, 136 r.), www.goldtatze.de (3; S. 119 alle 3).

Umschlaggestaltung von Gramisci Editorialdesign, München, unter Verwendung von 4 Farbfotos von Sandra Schürmans.

Mit 176 Farbfotos.

Gedruckt auf chlorfrei gebleichtem Papier

ISBN 978-3-440-14288-2
Redaktion: Alice Rieger
Gestaltungskonzept: Gramisci Editorialdesign, München
Gestaltung und Satz: Atelier Kohmer, Dettingen/Erms
Produktion: Eva Schmidt
Printed in Germany / Imprimé en Allemagne

FSC® www.fsc.org
MIX
Papier aus verantwortungsvollen Quellen
FSC® C004592